Oluwafemi Muyideen Olaiya

Conceito de SIG e levantamento tridimensional as-built para infra-estruturas

Oluwafemi Muyideen Olaiya

Conceito de SIG e levantamento tridimensional as-built para infra-estruturas

Levantamento tridimensional As-Built de estradas e elementos constituintes de servidões e estruturas subterrâneas

ScienciaScripts

Cover image: www.ingimage.com

This book is a translation from the original published under ISBN 978-3-659-86316-5.

Publisher:
Sciencia Scripts
is a trademark of
Dodo Books Indian Ocean Ltd. and OmniScriptum S.R.L publishing group

120 High Road, East Finchley, London, N2 9ED, United Kingdom
Str. Armeneasca 28/1, office 1, Chisinau MD-2012, Republic of Moldova, Europe
Managing Directors: Ieva Konstantinova, Victoria Ursu
info@omniscriptum.com

Printed at: see last page
ISBN: 978-620-8-38956-7

ÍNDICE DE CONTEÚDOS

DEDICAÇÃO

Dedico este projeto a Deus Todo-Poderoso, que me guiou física, mental e espiritualmente até ao nível atual. Dedico também este trabalho à minha falecida irmã Olaiya Sherifat Ajoke, que partiu há alguns anos e cujas memórias permanecem indeléveis na minha memória. Dedico também este exercício de projeto ao meu falecido pai, Alhaji Hamzat Olaiya. Finalmente, dedico este trabalho à minha querida mãe e irmã, Alhaja (Sra.) Olaiya Falilat Olarinde e Sra. Olalere Olufunke Risikat, respetivamente, e o amor, carinho e paixão que ambas têm por mim permanecem incomparáveis.

RECONHECIMENTO

Os meus profundos agradecimentos e gratificação vão para Deus Todo-Poderoso que me guiou e melhorou mental, física e espiritualmente durante a candidatura à licenciatura. O meu agradecimento e apreço ao meu supervisor (o meu mentor profissional), o agrimensor Hassan Samaila Ijah, pela sua generosa orientação e apoio, sem os quais este trabalho nunca seria concluído a tempo. O meu profundo agradecimento e apreço vai para o Chefe do Departamento de Topografia e Geoinformática da Universidade Federal de Tecnologia de Minna, Dr. I.C. Onuigbo, e para toda a equipa do Departamento, Sr. Nwose, Professor I.J. Nwadialor, Professor T.O. Idowu, Dr. Orisakwe, falecido Surv. S.A Ajibade, Surv. Y. Opaluwa, Surv. Q.A Adejare, Mallam Z.A.T Sulaiman, Sr. Etim, Sr. Gbedu, Sr. Gbenga, Sr. Paul, Sr. James, Surv. E.A. Adesina, Sr. Odumosu, Sr. Zitta, Sr. Ajayi e Surv. Abdullahi Ahmed Kuta pela série de conhecimentos e formação que me proporcionaram, tanto mental como fisicamente, durante a candidatura à licenciatura. Estendo também a minha gratidão a outros funcionários da Universidade, Sr. Chuks, do Departamento de Planeamento Urbano e Regional, Arc. Lawal e Mallam Alfa do Departamento de Arquitetura, respetivamente, ao Professor Chuku do Departamento de Engenharia Agrícola e de Recursos Biológicos, ao Engr. Umar do Departamento de Engenharia Química, ao Sr. Yakubu do Departamento de Matemática e Estatística, ao Dr. Uno do Departamento de Física, ao Professor Sadiku e aos falecidos Engr. Omukoro, Engr. James e Dr. Amadi do Departamento de Engenharia Civil, respetivamente. Os meus agradecimentos mais profundos vão para a minha adorável mãe Alhaja (Sra.) Olaiya Falilat Olarinde, para as minhas queridas irmãs Sra. Olalere Olufunke Risikat e Sra. Akinrata Oyinbola Fatima e para os meus queridos irmãos Sr. Olaiya Abdul Rasheed, Sr. Olaiya Abiola Mikail e Sr. Olaiya Oladipupo. Olaiya Oladipupo Sharafadeen e os meus sobrinhos Olalere Bolaji Ahmed, Olalere Abdul Rafiu Oluwatobi, Olaiya David, Olaiya Ibrahim, Olaiya Abdul Rahman e Olaiya Abdul Salam pelo seu apoio incomensurável durante a candidatura à licenciatura. Aproveito esta oportunidade para agradecer à Sra. Shuibu Shafahatu, ao Sr. Ebo Gabriel e a Abubakar Almustapha Mustapha por todo o seu apoio moral também durante a candidatura à licenciatura. Por último, a minha gratidão vai para a família de Muhammad Hadizah e para a própria Hadizah, que me demonstraram amor, confiança e apoio durante toda a minha candidatura à licenciatura, em especial durante o período deste projeto.

CAPÍTULO 1

1.0 INTRODUÇÃO

1.0.1 CONCEITO DE GIS E MODELO AS-BUILT

O nosso mundo está repleto de várias caraterísticas geo-espaciais, incluindo caraterísticas naturais e artificiais (feitas pelo homem). A informação exaustiva sobre a natureza, a forma, o tamanho, a quantidade e a qualidade destas caraterísticas e a sua compreensão são de grande importância para a manutenção e o desenvolvimento dos nossos recursos. A constante compilação, atualização, análise, registo e armazenamento desta informação vital desempenha um papel importante nas escolhas que fazemos nas nossas actividades diárias. O Sistema de Informação Geográfica (SIG) integra software, hardware e dados para gerir, registar, capturar, manipular, armazenar, analisar e apresentar todos os tipos e formas de informação geograficamente referenciada. Permite-nos compreender, interpretar, questionar, ver e visualizar dados de diferentes formas que revelam padrões, relações e tendências sob a forma de gráficos, planos e mapas. Tanto nos nossos processos internos como externos, o SIG está praticamente sempre presente.

Kufoniyi (1998) define o Sistema de Informação Geográfica como uma poderosa ferramenta informática para a captura, verificação, integração, análise e apresentação ou visualização de dados espaciais geo-referenciados da Terra.

Shih-Lung Shaw (2001) também define o SIG como um sistema de informação capaz e especializado na gestão, introdução, análise, elaboração de relatórios e produção de informações geográficas relacionadas com o espaço.

Enquanto o levantamento as-built é efectuado para obter dados dimensionais verticais e/ou horizontais para que as melhorias propostas possam ser delineadas e localizadas. O levantamento as-built também é necessário para verificar a tolerância das estruturas em construção e das estruturas acabadas. É também conhecido como levantamento de limites, o tipo de levantamento em que o objetivo principal é documentar os perímetros de uma parcela, dividindo uma parcela, ou qualquer forma deles e também traçar a medição de relações dimensionais como elevações, distâncias horizontais, direcções e ângulos na superfície da terra, especialmente para uso na localização de limites de propriedade, layout de construção, conformidade de estrutura e elaboração de mapas.

Kavagh e Bird (1992) definiram os levantamentos "as-built" como levantamentos finais, no sentido em que se ligam a elementos que acabaram de ser construídos para produzir ou fornecer um registo final da construção e para verificar se a construção foi efectuada de acordo com o plano concebido.

1.0.2 LEVANTAMENTO AS-BUILT

Ao contrário de muitos outros levantamentos feitos antes da construção de estruturas e de outros melhoramentos adicionados ao terreno, os levantamentos "as-built" são utilizados principalmente durante o início, a meio e após a conclusão de qualquer projeto de construção proposto. As-built mostrará os melhoramentos no terreno, na maioria dos casos, tal como apareceram num local específico do tempo. O levantamento topográfico é geralmente uma ferramenta crucial e vital em qualquer empresa de construção ou indústria, desde o início do planeamento até ao fim do projeto de construção e para manutenção futura. Qualquer tipo de projeto de construção começa definitivamente com um plano de proposta ou plano do local, definindo o plano para o projeto proposto desde o início até ao fim do projeto proposto. Este tipo de plano de construção integra e incorpora quaisquer condições já impostas num determinado local.

Durante a construção, os levantamentos "as-built" são geralmente realizados várias vezes em várias fases ao longo do período de duração do projeto de construção. O número e a frequência dos levantamentos realizados dependem do âmbito do projeto de construção. O objetivo de um levantamento as-built é verificar se o projeto de construção proposto foi concluído de acordo com as mesmas normas e especificações definidas durante a fase de planeamento e indicadas no plano ou na planta do local. O levantamento "as-built" é geralmente utilizado para explicar e mostrar ao inspetor ou ao empreiteiro do projeto de construção que o projeto em construção está em conformidade com as especificações do plano, com as normas e com os regulamentos de zoneamento. O levantamento as-built é essencialmente necessário para quase todos os tipos de projectos de terra no que diz respeito ao assentamento e à utilidade física, desde melhorias e construção de serviços públicos até à construção de edifícios e estradas.

Um levantamento exato do estado de construção é extremamente importante não só para medidas burocráticas, mas também para a conformidade com as especificações, normas e requisitos. Um levantamento as-built preciso mostra exatamente o que foi concluído até à data, constituindo uma ferramenta essencial para ajustar e verificar o calendário de grandes projectos de construção. Um levantamento as-built preciso fornece uma ferramenta essencial para manter e gerir o projeto de construção enquanto está em construção e depois de terminado. São muito úteis para documentar o que foi feito e terminado numa data e hora específicas. Um levantamento as-built preciso fornecerá a base necessária para reconciliar o plano ou os desenhos do local e outras informações do plano do local com as condições reais no terreno e o trabalho que foi concluído a tempo e data.

Dentro do campo profissional do levantamento as-built, existem vários tipos de levantamento realizados para cada objetivo específico. Por exemplo, o levantamento do direito de passagem efectuado na área de estudo destina-se a garantir que o direito de passagem está construído no local certo no terreno e que foi construído de acordo com as especificações delineadas no plano ou na planta do local. Uma vez concluído o projeto de construção proposto, pode ser utilizado um tipo de estudo denominado estudo de deformação, com um intervalo de alguns anos, para determinar se está a mover-se ao longo do tempo ou a mudar de forma, criando uma imagem tridimensional (3-D) da estrutura concluída em dois ou mais pontos diferentes no tempo.

1.1 CONTEXTO DO ESTUDO

A estrada e as suas estruturas subterrâneas, bem como os elementos que constituem a faixa de rodagem, situam-se ao longo da Avenida Samuel Adesoji Ademulegun e da via Sani Abacha, a oeste da Mesquita Nacional, na zona central de negócios de Abuja. Trata-se de um projeto adjudicado pelo Governo Federal da Nigéria e realizado pela Julius Berger Nigeria Plc, uma empresa de construção popular na Nigéria. A estrada e as suas estruturas subterrâneas, bem como os elementos que constituem o direito de passagem, são estruturas que ligam as estradas que ligam a Nigeria National Petroleum Corporation Tower e o Banco Central da Nigéria. As estradas são a Tafawa Balewa Way, a Herbert Macaulay Way e a Mohammad Buhari Way e, subsequentemente, ligam-se a uma estrada que conduz à Wuse Zone 4, uma zona popularmente desenvolvida em Abuja.

A estrada e as suas estruturas subterrâneas, bem como as caraterísticas que constituem o direito de passagem, surgiram como resultado do desenvolvimento de infra-estruturas em Abuja no ano de 1989, durante o regime do General Ibrahim Badamosi Babangida. Embora o local do projeto se situe numa das zonas mais desenvolvidas de Abuja, o máximo detalhe do local do projeto deve ser devidamente compreendido pelas agências de desenvolvimento da FCT, nomeadamente a Agência Federal para o Desenvolvimento da Capital (FCDA) e o Sistema de Informação Geográfica de Abuja (AGIS), para efeitos de segurança, manutenção e desenvolvimento de recursos.

1.2.1 ENUNCIADO DOS PROBLEMAS

1.2.2 INTRODUÇÃO

Estudos demonstraram que, à medida que o desenvolvimento e a quantidade de superfície impermeável aumentam no nosso ambiente, o rio, a barragem e o ribeiro podem inundar com mais frequência do que o previsto e a estrada pode ser inundada e as suas estruturas subterrâneas de drenagem de águas pluviais podem transbordar a sua margem e causar desastres no nosso ambiente. Por conseguinte, o modelo de levantamento 3-D as-built serve como uma ferramenta importante para documentar, manter e monitorizar as infra-estruturas de utilização dos solos, tanto à superfície como no subsolo. Para além disso, a disposição das infra-estruturas de qualquer cidade deve ser bem compreendida e investigada nesse local, de modo a destacar o que significa à superfície e no subsolo.

É evidente que a estrada e as suas condutas subterrâneas de drenagem pluvial podem ficar sobrecarregadas em caso de chuvas intensas, pelo que as dimensões (grandes e profundas), a sua capacidade em caso de chuvas intensas e a sua localização num determinado ponto são amplamente necessárias para a segurança, o planeamento e a manutenção.

Em 19th de julho de 2014, no Governo local de Ede North, no estado de Osun, Nigéria, um professor catedrático chamado Adeniyi Adegboyega, do Departamento de Ciências Informáticas do Politécnico Federal de Offa, no estado de Kwara, Nigéria, foi inundado com o seu carro devido a uma forte chuvada e perdeu a vida ao longo da estrada de Ede-Offa, que ficou fortemente inundada. Esta perda descuidada de vidas, bens e danos nas infra-estruturas poderia ser evitada, uma vez que o modelo 3-D as-built é realizado não só durante o processo de construção, mas também no final da construção, para mostrar as melhorias e a monitorização das infra-estruturas de utilização do solo, tal como se apresentavam num determinado momento, e utilizado para analisar e realçar os problemas ambientais actuais e futuros das infra-estruturas, de modo a que as estruturas de superfície e sub-superfície impermeáveis possam ser melhoradas, localizadas e delineadas.

thAlém disso, o acidente de viação ocorrido a 8 de setembro de 2011, que custou a vida a trinta e quatro pessoas no quilómetro 24 da estrada Akure-Owo, no estado de Ondo, na Nigéria, foi noticiado pelos meios de comunicação social nigerianos, segundo os quais o acidente fatal ocorreu devido à má construção da estrada (não foi construída de acordo com as especificações definidas).

No entanto, é necessário utilizar seriamente o modelo de levantamento 3-D as-built como uma ferramenta para rever a conformidade das infra-estruturas, muito especialmente a forma como as estradas e as suas estruturas subterrâneas são construídas, para evitar acidentes rodoviários desnecessários no presente e no futuro.

1.2.3 DECLARAÇÃO DO PROBLEMA DA ÁREA DE ESTUDO

O levantamento de reconhecimento da área de estudo foi utilizado para identificar os problemas enumerados a seguir:

> Existe algum local com uma estrutura subterrânea profunda na drenagem de águas pluviais na área selecionada?

> Qual a dimensão e a profundidade das estruturas subterrâneas?

> Quais são as caraterísticas que constituem o direito de passagem na área selecionada?

> As estradas e as suas estruturas subterrâneas, bem como os elementos que constituem o direito de passagem, estão em conformidade com as especificações, normas e requisitos da cidade?

> A estrutura subterrânea será adequada para a formação subterrânea de estudantes no domínio da prospeção mineira, bem como para a disciplina de engenharia que lida com estruturas subterrâneas?

1.3 OBJECTIVOS

O exercício do projeto tem como objetivo criar um modelo tridimensional de levantamento as-built da estrada e do seu escoamento subterrâneo de águas pluviais e determinar que outras estruturas rodoviárias e subterrâneas estão ligadas à estrada de superfície e ao seu escoamento subterrâneo de águas pluviais que podem ser bem compreendidas pela Agência de Desenvolvimento do Território da Capital Federal da Nigéria para gestão, manutenção e implementação de desenvolvimento adequado.

1.4 OBJECTIVOS

O objetivo deste projeto é realizar o levantamento 3-D as-built, bem como a criação de uma base de dados na Samuel Adesoji Ademulegun Avenue e na Sani Abacha way, localizadas a oeste da National Central Mosque, Central Business District Abuja, através do seguinte

- Fazer o levantamento da estrada de superfície e dos elementos que constituem o direito de passagem
- Inspecionar as estruturas subterrâneas
- Apresentar ou representar em 3-D
- E, finalmente, para criar uma base de dados SIG

1.5 ÂMBITO DO ESTUDO

O âmbito do projeto inclui o seguinte:

- Medição dos elementos que constituem o direito de passagem
- Medição dos lancis da estrada
- Medição do coletor subterrâneo de águas pluviais
- Medição da entrada
- Processar os dados e apresentar o resultado em três dimensões (3-D), bem como analisar o resultado
- Criação de um sistema de gestão de bases de dados SIG
- Redação de relatórios

1.6 JUSTIFICAÇÃO DO ESTUDO

Este trabalho justifica-se pelo resultado produzido e pela sua importância. O resultado do projeto consiste em apresentações tridimensionais (3-D) da estrada de superfície e das suas estruturas subterrâneas de drenagem pluvial, bem como na representação da localização dos elementos que constituem o direito de passagem. Justifica-se também pela necessidade de classificar uma abordagem inovadora para gerir, melhorar e desenvolver a área de estudo com base numa abordagem de gestão multidimensional, a fim de fornecer informações significativas e contextuais à Agência de Desenvolvimento da Capital Federal da Nigéria.

1.7 SIGNIFICATIVO DO ESTUDO

Este trabalho desempenharia um papel vital na revisão da conformidade das estradas e das suas estruturas subterrâneas, bem como das caraterísticas que constituem o direito de passagem com as especificações, normas e requisitos da cidade, bem como na melhoria e manutenção das instalações que constituem a estrada e as suas estruturas subterrâneas.

1.8 ÁREA DE ESTUDO

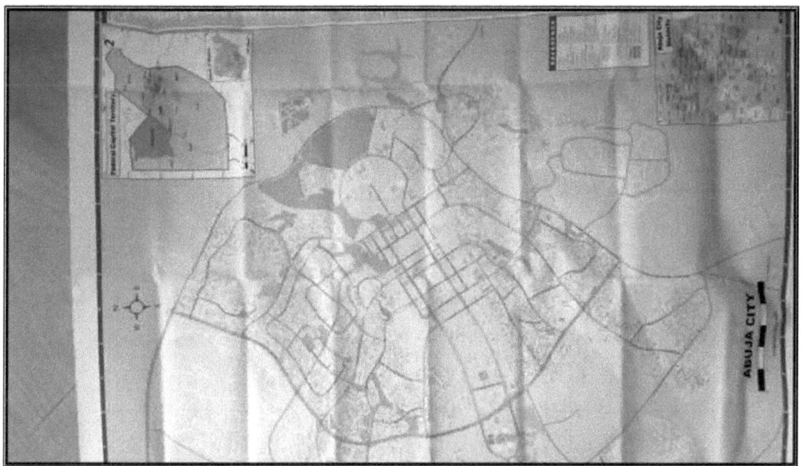

Fig 1.0 A Mapa de orientação da rua da área de estudo

A área de estudo onde o exercício do projeto é realizado para esta dissertação situa-se no centro da Nigéria, no Território da Capital Federal, denominado Abuja, é uma cidade planeada e foi construída principalmente na década de 1980. Tornou-se oficialmente a capital da Nigéria a 12 de dezembro de 1991, substituindo Lagos. A cidade de Abuja tem uma população de 776 268 habitantes segundo o censo de 2006, o que a torna uma das dez cidades mais populosas da Nigéria. A cidade tem 713 km^2 (275 sq. mi) de massa terrestre, tem as coordenadas geográficas de 7° 29' 0" Este, 9° 4' 0" Norte. A geografia da cidade é definida pelo Aso Rock, um monólito de 400 metros deixado pela erosão da água e grande parte da cidade estende-se a sul do rochedo. A rocha Zuma, um monólito de 792 metros, situa-se a norte da cidade, na estrada para o estado de Kaduna.

A cidade faz fronteira com o estado de Kaduna a norte, com o estado do Níger a leste e com o estado de Nasararwa a sul. O plano diretor da cidade e do Território da Capital Federal (FCT) foi desenvolvido pela International Planning Associates (IPA), um consórcio de três empresas americanas: Planning Research Corporation. O plano diretor de Abuja define as estruturas gerais e os principais elementos de design da cidade que são visíveis na sua forma atual. A Mesquita Nacional da Nigéria e o Centro Cristão Nacional da Nigéria são importantes pontos de interesse na cidade. O local do projeto situa-se a leste da Mesquita Nacional da Nigéria, no Central Business District.

A zona central de negócios de Abuja estende-se desde o sopé de Aso Rock, atravessando a Zona dos Três Braços, até à base sul da circular interna. É como a medula espinal da cidade, dividindo-a no sector norte, com Maitama e Wuse, e no sector sul, com Garki e Asokoro. O Central Business District é a principal zona de negócios da cidade, onde praticamente todas as paraestatais e empresas multinacionais têm os seus escritórios.

CAPÍTULO 2

2.0 REVISÃO DA LITERATURA

2.1 INTRODUÇÃO

É necessária uma revisão da literatura sobre projectos com objectivos semelhantes descritos anteriormente por vários autores, tendo em conta que o conceito básico de SIG e a cartografia "as-built" é um subconjunto da geo-informática, pelo que tem uma série de definições, tal como anteriormente analisado por peritos, e depende dos seus conceitos, ideias, métodos, abordagem e aplicação.

Kavagh e Bird (1992) definiram os levantamentos "as-built" como levantamentos finais, no sentido em que se ligam a caraterísticas que acabaram de ser construídas para produzir ou fornecer um registo final da construção e para verificar se a construção foi realizada de acordo com o plano concebido.

Davis et al (1981) afirmam que o levantamento "as-built" é realizado após a conclusão de um projeto construído.

Meyer (1999), cada parcela de terra na superfície terrestre é única no que respeita à cobertura que possui. A utilização e a ocupação do solo são caraterísticas distintas, mas muito próximas, da superfície terrestre. O uso que damos à terra pode ser o pastoreio, a agricultura, o desenvolvimento urbano, a exploração madeireira e mineira, entre muitos outros, enquanto as categorias de ocupação do solo podem ser terras de cultivo, florestas, zonas húmidas, pastagens, estradas, zonas urbanas, entre outras. O termo ocupação do solo refere-se originalmente à terra e ao estado da vegetação, como a floresta ou a erva, mas foi alargado em utilizações posteriores para incluir outros aspectos, como as estruturas humanas, os tipos de solo, a biodiversidade, a superfície, as águas superficiais e subterrâneas (Meyer, 1995).

Adeniyi e Omojola (1999), na sua avaliação da alteração da ocupação do solo na bacia hidrográfica de Sokoto-Rima, no Noroeste da Nigéria, com base em técnicas de deteção remota de arquivos e SIG, utilizaram fotografias aéreas, LANDSAT MSS, transparência de imagens SPOT XS/panocromáticas e folhas de mapas topográficos para estudar as alterações nas barragens (Sokoto e Guronyo) entre 1962 e 1986. O trabalho revelou que a ocupação do solo em ambas as áreas não sofreu alterações antes da construção, enquanto a maior parte da área era ocupada apenas por povoações. No entanto, durante a era pós-barragem, as classes de uso/cobertura do solo mudaram, mas a povoação continuava a ser a maior.

Uma análise das alterações da utilização e da ocupação do solo utilizando a combinação do MSS Landsat e do mapa de ocupação do solo da Indonésia (Dimyati, 1995) revela que as alterações da utilização e da ocupação do solo foram avaliadas através da utilização da teledeteção para calcular o índice de alterações, o que foi feito através da sobreposição de imagens da ocupação do solo de 1972, 1987 e de mapas de ocupação do solo de 1990. Isto foi feito para analisar a mudança de padrão na área, o que era bastante difícil com o método tradicional de levantamento topográfico, tal como observado por Olorunfemi em 1983, quando utilizou a abordagem fotográfica da área para monitorizar a utilização do solo urbano nos países em desenvolvimento, tendo Ilorin, na Nigéria, como estudo de caso.

De acordo com o inquérito realizado por uma equipa de investigação da ISU [1], para os condados, cidades e estados, as primeiras 15 caraterísticas da estrada com maior prioridade são: Intersecções, sinais, marcações de pavimento, sinais, lancis, guard rail, número de faixas de rodagem, cruzamentos de estradas de ferro, ombros, passeios laterais, nomes de estradas, desgaste do pavimento, geometria da estrada, pontes e direito de passagem. No entanto, é claro a partir destas respostas que um SIG que mostre todas as caraterísticas da estrada será uma informação valiosa para o seu inventário, manutenção, estudos de transporte e melhoria.

Outro método que precisava de ser revisto para traçar o perfil da forma de um objeto do mundo real é a digitalização a laser 3D, que é uma técnica que utiliza feixes de laser. Foi aplicada na modelação as-built e noutras aplicações geotécnicas e operacionais num túnel de perfuração e explosão (Fekete, Diederichs e Lato 2010), e também na análise da deformação de um túnel perfurado (van Gosliga, Lindenbergh e Pfeifer 2006). Com esta técnica, podemos obter automaticamente modelos 3-D as-built com alta resolução e precisão, mas não é portátil e o custo do equipamento é ainda elevado (Zhu, e Brilakis 2009). Além disso, a digitalização laser 3-D só é possível após a conclusão do projeto, uma vez que existem muitas instalações temporárias no espaço de construção congestionado durante a fase de construção, em comparação com o método de aquisição de dados adotado neste exercício de projeto.

Outro método que também deve ser analisado é o Radar de Penetração no Solo (GPR). O GPR tem sido amplamente aplicado desde a década de 1970 (Metje etal. 2007). Trata-se de um método geofísico que utiliza impulsos de radar para mapear o subsolo. Pode ser utilizado para localizar uma grande variedade de tubos enterrados, desde tubos de plástico a tubos metálicos. No entanto, esta técnica é limitada em vários aspectos. Em primeiro lugar, o desempenho de um GPR depende em grande medida das condutividades eléctricas dos solos no local. Se a condutividade do solo for elevada, o sinal de radar atenua-se muito rapidamente no solo e o alcance máximo de penetração seria muito reduzido. Em segundo lugar, a precisão é normalmente de alguns metros, o que não é suficiente para uma modelação exacta do tipo "as-built". Em terceiro lugar, a interpretação do diagrama de radar não é simples, está cheia de ruídos e incertezas, pelo que requer uma formação especial. (Ghassemi, Zoldy, e Javady 2010)

Para além das tecnologias de deteção remota, uma abordagem mais simples consiste em medir diretamente as posições dos segmentos de revestimento de betão. Li e Zhu (2009) propuseram uma abordagem para a modelação e visualização de estruturas subterrâneas, com base nas últimas informações de construção disponíveis. Esta abordagem funcionou bem no túnel do rio Yangtze em Xangai, um grande túnel de tubos duplos com um diâmetro exterior de 15,0 m (Li, Zhu e Zhen 2009). No entanto, para um projeto de túnel típico, especialmente um de pequeno diâmetro, a informação sobre a posição dos segmentos de revestimento de betão não está prontamente disponível.

CAPÍTULO 3

3.0 METODOLOGIA

3.1 INTRODUÇÃO

Foram desenvolvidos vários modelos de dados para a base de dados GIS em relação ao modelo 3-D as-built. As duas abordagens básicas são os modelos de dados de base de objectos e os modelos de dados baseados no terreno. O método de abordagem utilizado neste exercício de projeto é um modelo de dados de base de objectos que trata o espaço geográfico como preenchido por objectos discretos e identificáveis, representados como pontos, linhas e polígonos.

Fabiyi (2004) descreve o Sistema de Informação Geográfica como uma integração peculiar e única de software informático, hardware, periféricos, estrutura organizacional, técnicas processuais, instituições, pessoas e para manipular, registar, armazenar, capturar, analisar, modelar, modular e visualizar, bem como apresentar dados espaciais geograficamente referenciados para a solução de problemas complexos relacionados ou associados com o ser humano. Esta descrição sugere que o Sistema de Informação Geográfica não é nem o hardware, nem o software; não é nem a solução processual para resolver problemas humanos relacionados ou associados, mas uma boa combinação e integração de todos estes componentes que formam o Sistema de Informação Geográfica Fadahunsi (2010).

3.2 RECONNAISSANCE

É a primeira abordagem de qualquer projeto de levantamento topográfico. O reconhecimento é uma das operações mais importantes nas operações de levantamento topográfico; é frequentemente abreviado como recce. É a operação que precede todos os projectos de levantamento topográfico. Durante o reconhecimento de qualquer projeto, o topógrafo decide quais as técnicas e os instrumentos necessários para concluir o trabalho de forma económica e cumprir a precisão especificada (Schofield, 1998). Esta abordagem dá lugar a uma execução bem sucedida de qualquer projeto. É de dois tipos: reconhecimento de escritório e reconhecimento de campo.

3.2.1 ESCRITÓRIO RECCE

Inclui todos os preparativos antes do início do trabalho de campo. É realizado no escritório e envolve as seguintes actividades:

I. Recolher as informações necessárias sobre o local do projeto, tais como o mapa da rede de rotas até ao local, a longitude e a latitude do local de observação à escala. Para o efeito, foram utilizadas imagens do Google Earth.

II. Os controlos próximos do local do projeto são determinados e os valores das coordenadas são recolhidos.

III. Foram determinados os instrumentos e ferramentas a utilizar no projeto e o método a adotar.

IV. O custo do projeto e o calendário do mesmo.

V. O pessoal necessário para o projeto.

VI. As coordenadas dos controlos a utilizar foram obtidas de acordo com o quadro seguinte **Quadro 3.0 Coordenadas dos controlos utilizados.**

ESTAÇÕES	NORTHINGS(m)	LESTE(m)	ALTURA(m)
CONTROLO DA CIDADE 009	329821.512	1007612.091	497.523

3.2.2 RECEITA DO CAMPO

Esta é a visita real à área do projeto. Nesta fase do reconhecimento, o conhecimento físico do local do projeto foi adquirido através da visita efectiva ao local. Também foram efectuadas as seguintes operações:

I. O ponto de controlo mais próximo do local foi escolhido e verificado.

II. Foi selecionada a localização das estações temporárias ou subsidiárias que foram utilizadas durante a execução do projeto.

III. O reconhecimento foi efectuado através de um diagrama apresentado nos anexos

IV. Foram determinados os instrumentos e ferramentas a utilizar no projeto e o método a adotar.

3.3 EQUIPAMENTO UTILIZADO

I. O distanciador laser eletrónico e a fita métrica são utilizados para medir a distância.

II. A lâmpada de cabeça e a luz tátil são utilizadas para iluminar o escoamento subterrâneo de águas pluviais

III. As chaves construídas são utilizadas para abrir as tampas dos colectores de águas pluviais subterrâneos e as tampas de entrada

IV. O DGPS Promark Magellan 300 de frequência única é utilizado para captar as coordenadas dos pontos

V. São também utilizados marcadores permanentes, caneta e caderno de campo para registo manual

3.4 AQUISIÇÃO DE DADOS

A fim de adquirir informações espaciais para o levantamento as-built e criar uma base de dados SIG para a modelação do levantamento as-built em 3D para análise e questionamento genérico das estradas e das suas estruturas subterrâneas, bem como das caraterísticas que constituem o direito de passagem localizado ao longo da via Samuel Adesoji Ademulegun Sani Abacha Central Business District Abuja, o levantamento é facilmente efectuado com o Sistema de Posicionamento Global Diferencial (DGPS), uma vez que não estão obstruídos por árvores, edifícios, linhas eléctricas, etc. No entanto, devido à obstrução da visibilidade do satélite por edifícios e árvores, não é viável efetuar o levantamento em zonas obstruídas. Também é utilizado o DGPS Promark Magellan 300 de frequência única, que é um recetor rover com uma precisão de cerca de 1 pé, e pode ser utilizado para cartografar caraterísticas a 1! = 50" numa área urbana com o recetor principal ligado ao ponto de controlo estabelecido perto do local. Estas unidades foram utilizadas para localizar caraterísticas pontuais, tais como postes de luz eléctrica, postes de iluminação pública, cabines telefónicas, orifícios de entrada e câmaras de esgoto, através de um levantamento a pé, e caraterísticas lineares, tais como lancis de estradas, passeios pedonais e bordos de edifícios, também através de um levantamento a pé. O distanciador laser eletrónico e a corrente de levantamento são utilizados para a medição da profundidade aflorada da superfície subterrânea do escoamento de águas pluviais e a superfície das entradas são registadas manualmente no caderno de campo mostrado na fig. 3.1 e também a tabela 3.2 mostra o controlo estabelecido perto do local.

Quadro 3.1 Coordenadas do controlo estabelecido perto do local.

ESTAÇÕES	NORTHINGS(m)	LESTE(m)	ALTURA(m)
CONTROL 7534	333816.366	1001688.184	475.308

3.5 PROCESSAMENTO DE DADOS

Todos os dados obtidos no terreno são processados e analisados por um sistema de computador portátil e por programas de aplicação adequados, que são enumerados no subcapítulo 3.5.1 abaixo

3.5.1 OS SOFTWARES INCLUEM:

- Cena de arco 10.1
- Desenvolvimento de terrenos AutoCAD 2012
- ArcMap 10.1
- Arc GIS 10.1
- Microsoft Excel 2010

- Surfista 9
- SOLUÇÃO GNSS

3.5.2 A ESPECIFICAÇÃO DE UM COMPUTADOR PORTÁTIL INCLUI:

- A Intel ® DUAL CORE(TM)2 DUO CPU T7250 velocidade -2,00GHz
- SO: Dos 6.2 e Windows 7
- 2 GB RAM 120 GB HDD
- Resolução de 1440 por 900 píxeis
- Adaptador de ecrã: NVIDIA GeForce 8600M GT
- DVD/ CD-ROM
- Impressora de tamanho A4 (Hp DeskJet 2563)
- Scanner de tamanho A4

3.6 CONCEPÇÃO E CRIAÇÃO DE BASES DE DADOS

A conceção de uma base de dados SIG baseia-se numa série de temas de dados, cada um com uma representação geográfica específica. Neste projeto, as entidades geográficas individuais são representadas como caraterísticas, tais como pontos, linhas, polígonos e anotações. A base de dados GIS representa os meios sistemáticos e lógicos e as colecções de caraterísticas individuais e específicas com a sua posição na superfície da Terra e tamanho, formas e dimensão, bem como informações descritivas sobre caraterísticas individuais registadas e armazenadas sob a forma de atributos.

3.6.1 CONCEPÇÃO LÓGICA

Um SIG é um sistema de informação baseado em camadas; o princípio de organização das caraterísticas culturais e artificiais da Terra em camadas tornou-se um dos princípios universais do SIG sobre a forma como os sistemas SIG representam, operam, gerem e aplicam a informação geográfica. Neste trabalho de projeto, as colecções de dados espaciais são normalmente organizadas como conjuntos de dados de classes de caraterísticas

3.6.2 CARACTERÍSTICAS CLASSES CONJUNTO DE DADOS

Cada classe de caraterística é um conjunto lógico de caraterísticas de um tipo comum, como os quatro tipos de caraterísticas apresentados na figura 3.1

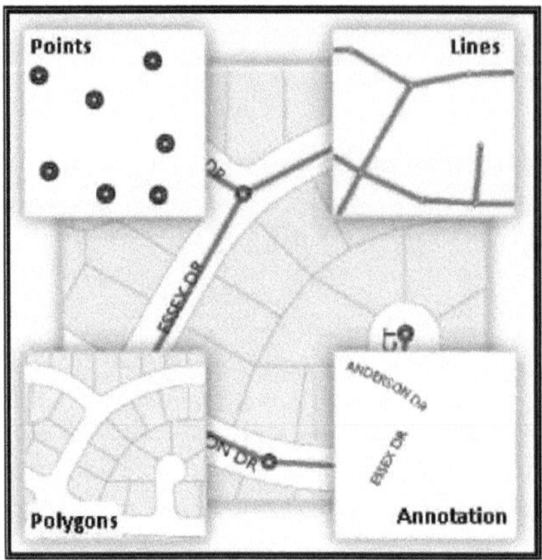

Fig 3.0 Mostra a estrutura lógica de dados utilizada no Arc GIS

Fonte: (Manual Arc GIS)

3.6.3 LIGAÇÃO

A beleza de um SIG é a capacidade de ligar duas ou mais entidades, especialmente os dados espaciais e os ficheiros de atributos, bem como explorar a relação entre eles, o que outro software não consegue fazer.

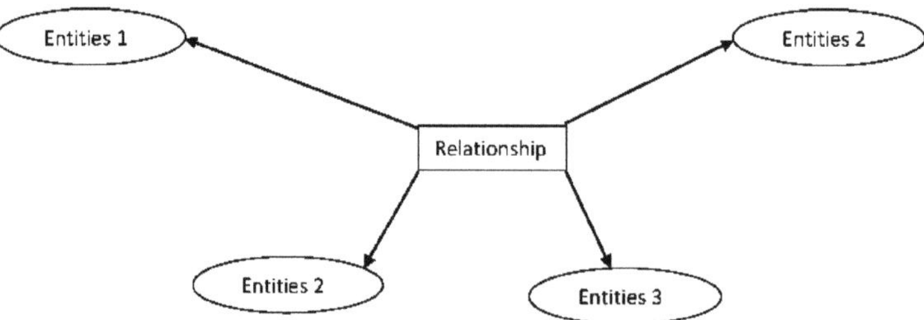

Fig 3.1 Mostra a ligação entre os dados espaciais

3.7 AUTOCAD, ARC SCENE E PLOTAGEM DE SURFISTAS

São também criados ficheiros de guião preparados com o Microsoft Excel para plotagem em AutoCAD, Arc scene e Surfer. Isto representa a plotagem AutoCAD, a superfície 3-D, bem como as vistas 3-D da estrada e da sua estrutura subterrânea da área de estudo.

3.8 MÉTODO DE ANÁLISE DE DADOS

Os dados observados no terreno foram analisados através de meios lógicos e do software ArcGIS, bem como do software Surfer.

3.9 APRESENTAÇÃO DE DADOS

A apresentação é feita sob a forma de mapa, plano, quadro e redação. Isto destina-se a facilitar a leitura e a compreensão dos dados observados e da análise. Facilitará também a compreensão de melhorias, gestão e manutenção concretas e fiáveis a efetuar na área de estudo.

CAPÍTULO 4

4.0 ANÁLISE E RESULTADOS

4.1 OPERAÇÃO DE CONSULTA

A operação de consulta da base de dados do Sistema de Informação Geográfica (SIG) para obter dados é uma parte essencial da maioria dos projectos Heywood (1998). São úteis para verificar a qualidade dos dados e os resultados obtidos. A consulta espacial oferece um método de recuperação de dados e pode ser realizada sobre os dados que fazem parte da base de dados do SIG, ou sobre novos dados produzidos como resultado da análise de dados, como é o caso deste trabalho de projeto.

4.2 ANÁLISE

No caso deste projeto, as perguntas são:

> Consulta para mostrar toda a enseada dentro da área de estudo.

> Consulta para mostrar os pontos completos da câmara de visita

> Consulta para indicar a dimensão do direito de passagem

> Consulta de diferentes tipos de dados espaciais, dependendo da aquisição de dados da área de estudo.

> Consulta para mostrar toda a entrada cuja profundidade é inferior a 0,08128m para fins de manutenção e análise

> Consulta para mostrar o ponto da zona pouco profunda no local do projeto

4.3 ANÁLISE DE ESTRUTURAS SUBTERRÂNEAS

É extremamente necessário analisar as estruturas subterrâneas da área de estudo para uma manutenção correta, uma gestão adequada e a tomada de decisões.

4.3.1 TAMANHO, FORMA E DIMENSÃO DA CONDUTA DE DRENAGEM PLUVIAL

A profundidade do buraco de homem desde a superfície da estrada até ao primeiro bordo interior da conduta de betão fabricada é sempre de 1 metro, enquanto a profundidade da conduta de betão fabricada desde o bordo inferior do buraco de homem até ao fundo da sua superfície varia de acordo com o declive e com um diâmetro constante de 3 metros.

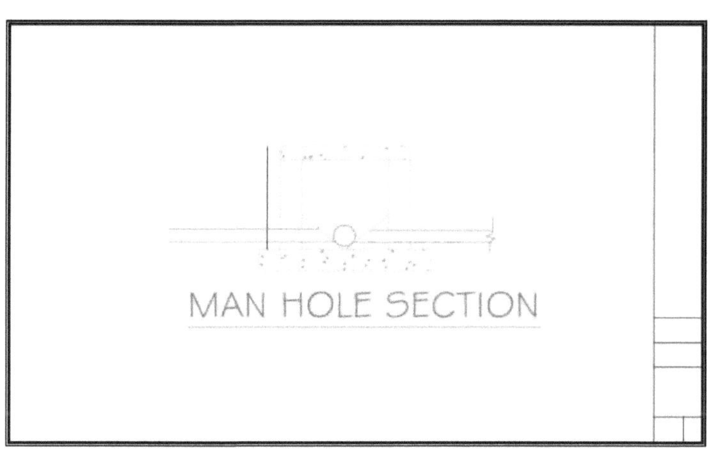

Fig 4.0 Mostra a secção da conduta de drenagem pluvial de betão fabricada na área de estudo

Quadro 4.0 Ilustração da forma, tamanho e dimensão da conduta de drenagem pluvial enterrada

IDENTIDADE	DIÂMETRO (M)	PROFUNDIDADE DO POÇO DE VISITA ATÉ À CONDUTA (M)	PROFUNDIDADE DA CONDUTA DE BETÃO FABRICADA (M)	PROFUNDIDADE TOTAL A PARTIR DA SUPERFÍCIE (M)
MH 01	3	1	3.351	4.351
MH02	3	1	3.36	4.36
MH03	3	1	3.287	4.287
MH04	3	1	3.365	4.365
MH05	3	1	3.351	4.351
MH06	3	1	5.937	6.937
MH07	3	1	6.628	7.628
MH08	3	1	6.628	7.628
MH09	3	1	5.801	6.801
MH10	3	1	4.165	5.165
MH11	3	1	2.647	3.647
MH12	3	1	3.291	4.291
MH13	3	1	2.810	3.81
MH14	3	1	2.810	3.81
MH15	3	1	3.023	4.023
MH16	3	1	3.125	4.125
MH17	3	1	2.745	3.742

MH18	3	1	3.004	4.004
MH19	3	1	3.549	4.549
MH20	3	1	4.393	5.393
MH21	3	1	3.528	4.528
MH22	3	1	4.461	5.461
MH23	3	1	3.378	4.378
MH24	3	1	3.559	4.559
MH25	3	1	3.104	4.104
MH26	3	1	3.015	4.015
MH27	3	1	3.224	4.224
MH28	3	1	3.639	4.639
MH29	3	1	3.545	4.545
MH30	3	1	3.357	4.357
MH31	3	1	3.016	4.016
MH32	3	1	3.515	4.515
MH33	3	1	3.624	4.624
MH34	3	1	3.351	4.351
MH35	3	1	5.937	6.937
MH36	3	1	6.628	7.628
MH37	3	1	6.628	7.628
MH38	3	1	5.801	6.801
MH39	3	1	4.165	5.165
MH40	3	1	2.647	3.647
MH41	3	1	3.291	4.291
MH42	3	1	2.810	3.81
MH43	3	1	3.810	4.81
MH44	3	1	4.023	5.023
MH45	3	1	3.125	4.125
MH46	3	1	3.528	4.528
MH47	3	1	4.461	5.461
MH48	3	1	3.378	4.378
MH49	3	1	2.559	3.559
MH50	3	1	3.104	4.104
MH51	3	1	3.015	4.015
MH52	3	1	3.224	4.224

MH53	3	1	4.639	5.639
MH54	3	1	4.545	5.545

4.4 ENTRADA

Todo o escoamento que entra num coletor de águas pluviais requer uma estrutura de entrada. Os tipos de entrada encontrados na área de estudo são bacias de retenção. Uma estrutura de entrada é concebida para cumprir requisitos específicos. Geralmente, uma estrutura de entrada intercepta e direciona o fluxo para a conduta e protege a propriedade contra danos causados por inundações e erosão. Por conseguinte, é necessário rever e analisar a estrutura de escoamento de acordo com as especificações, normas e requisitos da cidade.

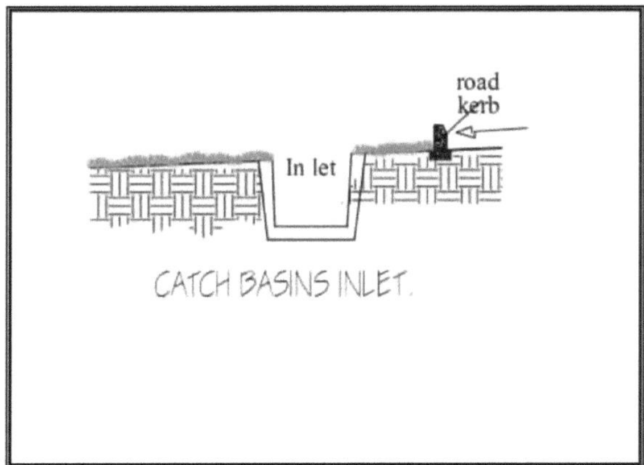

Fig 4.1 Mostra o tipo de entrada utilizado na área de estudo

Quadro 4.1 Profundidade e diâmetro da entrada da bacia de recolha

IDENTIDADE	PROFUNDIDADE (ft.)	DIÂMETRO (pol.)
ENTRADA 01	1.22	9
INLET02	1.18	9
INLET03	1.21	9
INLET04	1.18	9
INLET05	1.10	9
INLET06	3.1	9
INLET07	2.3	9
INLET08	2.11	9
INLET09	2.10	9
INLET10	2.6	9

INLET11	3.1	9
INLET12	2.11	9
INLET13	2.10	9
INLET14	2.6	9
INLET15	2.5	9
INLET16	2.7	9
INLET17	1.2	9
INLET18	2.7	9
INLET19	3.00	9
ENTRADA20	2.3	9
INLET21	3.1	9
INLET22	3.1	9
INLET23	3.2	9
INLET24	3.00	9
INLET25	3.00	9
INLET26	3.1	9
INLET27	1.1	9
INLET28	3.4	9
INLET29	2.7	9
INLET30	3.4	9
INLET31	2.2	9
INLET32	3.1	9
INLET33	2.9	9
INLET34	2.11	9
INLET35	2.11	9
INLET36	2.9	9
INLET37	3.00	9
INLET38	3.2	9
INLET39	3.00	9
INLET40	3.00	9
INLET41	2.10	9
INLET42	2.7	9
INLET43	2.8	9
INLET44	2.10	9
INLET45	3.2	9

INLET46	3.00	9
INLET47	2.9	9
INLET48	2.8	9
INLET49	2.9	9
INLET50	2.5	9
INLET51	3.00	9
INLET52	2.10	9
INLET53	3.3	9
INLET54	3.1	9
INLET55	3.10	9
INLET56	3.11	9
INLET57	3.12	9
INLET58	2.10	9
INLET59	3.1	9
INLET60	3.1	9
INLET61	3.0	9
INLET62	0.5	9
INLET63	1.4	9
INLET64	0	9
INLET65	0.6	9
INLET66	0.5	9
INLET67	0.4	9
INLET68	0.4	9
INLET69	0.6	9
INLET70	0.7	9
INLET71	2.9	9
INLET72	3.7	9
INLET73	2.9	9
INLET74	2.11	9
INLET75	0.5	9
INLET76	0.5	9
INLET77	0.6	9
INLET78	0.6	9
INLET79	0.5	9
INLET80	0.6	9

INLET81	3.3	9
INLET82	2.11	9
INLET83	3.8	9
INLET84	3.4	9
INLET85	3.11	9
INLET86	3.2	9
INLET87	3.5	9
INLET88	0.3	9
INLET89	3.4	9
INLET90	3.6	9
INLET91	2.9	9
INLET92	3.1	9
INLET93	3.6	9
INLET94	3.8	9
INLET95	3.4	9
INLET96	1.5	9
INLET97	3.3	9
INLET98	3.0	9
INLET99	2.11	9
INLET100	2.11	9
INLET101	3.00	9
INLET102	2.7	9
INLET103	2.9	9
INLET104	2.1	9
INLET105	2.8	9
INLET106	2.2	9
INLET107	3.1	9
INLET108	2.3	9
INLET109	3.3	9
INLET110	3.11	9
INLET111	2.10	9
INLET112	2.9	9
INLET113	2.10	9
INLET114	2.2	9
INLET115	3.0	9

INLET116	0	9
INLET117	3.1	9
INLET18	3.2	9
INLET119	2.10	9
INLET120	2.8	9
INLET121	3.0	9
INLET122	3.0	9
INLET123	3.0	9
INLET124	3.0	9
INLET125	3.0	9
INLET126	3.1	9
INLET127	2.10	9
INLET128	3.1	9
INLET129	3.0	9
INLET130	1.0	9
INLET131	2.11	9
INLET132	3.0	9
INLET133	3.5	9
INLET134	3.4	9
INLET135	3.1	9
INLET136	3.0	9
INLET137	2.11	9
INLET138	3.1	9
INLET139	3.0	9
INLET140	0	9
INLET141	3.2	9
INLET142	3.1	9
INLET143	2.5	9
INLET144	3.2	9
INLET145	3.0	9

4.5 LIGAÇÃO ENTRE A ENTRADA E A CÂMARA DE VISITA

Existe uma ligação entre a entrada e a câmara de visita a 0,08128m, na qual a entrada encaminha o seu fluxo para a conduta de drenagem pluvial. O desenho abaixo explica a ligação entre a entrada e a câmara de visita e como a entrada direciona o seu fluxo para a conduta de drenagem pluvial.

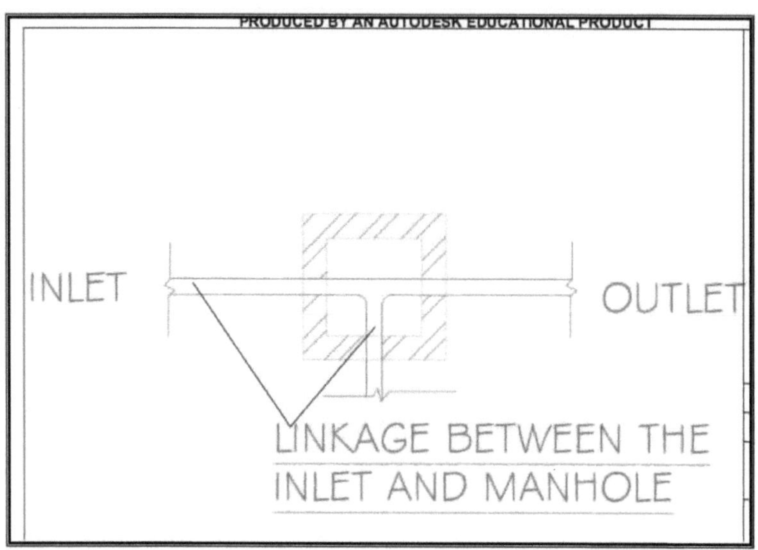

Fig 4.2 Mostra a ligação entre a entrada e a câmara de visita

4.6 APRESENTAÇÃO DA CONFIGURAÇÃO DE TODA A ZONA DE ESTUDO NUMA VISTA DE SUPERFÍCIE TRIDIMENSIONAL

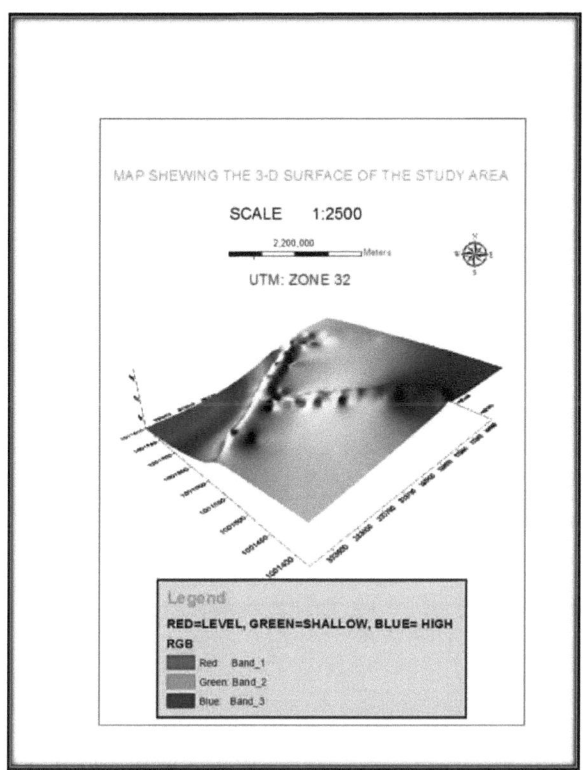

Fig 4.3 Mostra a configuração da superfície 3-D de toda a área de estudo

4.7 RESULTADO

Os resultados da análise dos dados foram representados em Surfer, AutoCAD, ArcMap e Arc scene em escalas convenientes, bem como a localização dos elementos que constituem a legenda detalhada da faixa de rodagem e todos os dados obtidos no terreno nos anexos, e a apresentação tridimensional da área de estudo. A análise do resultado é também representada em formas lógicas tabulares

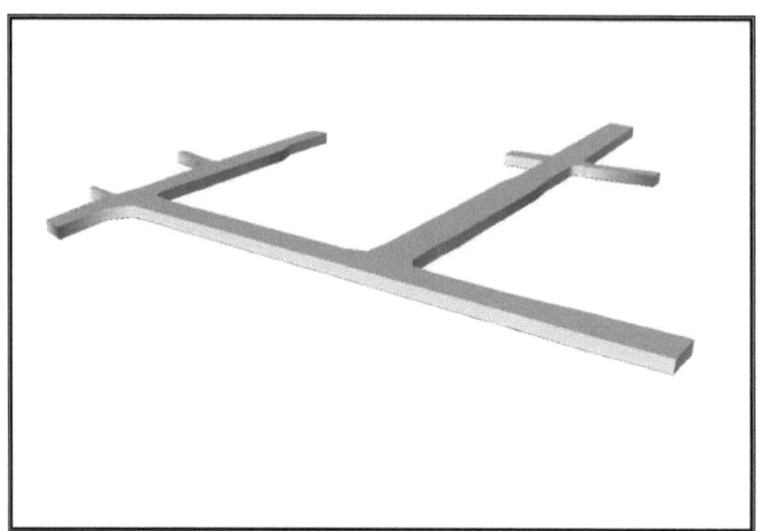

Fig 4.4 Vista lateral esquerda da estrada em 3-D

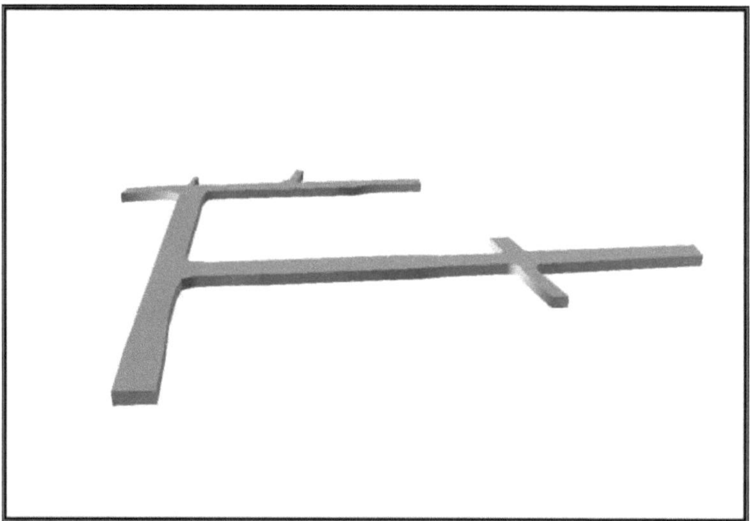

Fig 4.5 Vista lateral frontal da estrada em 3-D

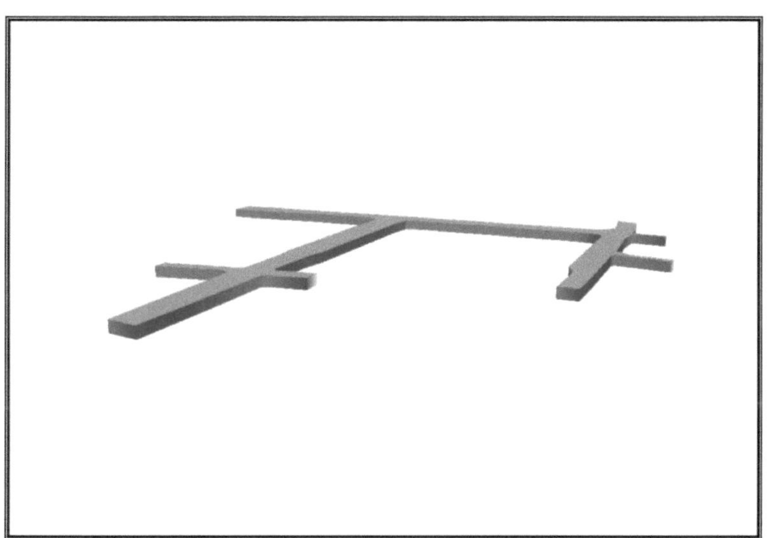

Fig 4.6 Vista lateral direita da estrada em 3-D

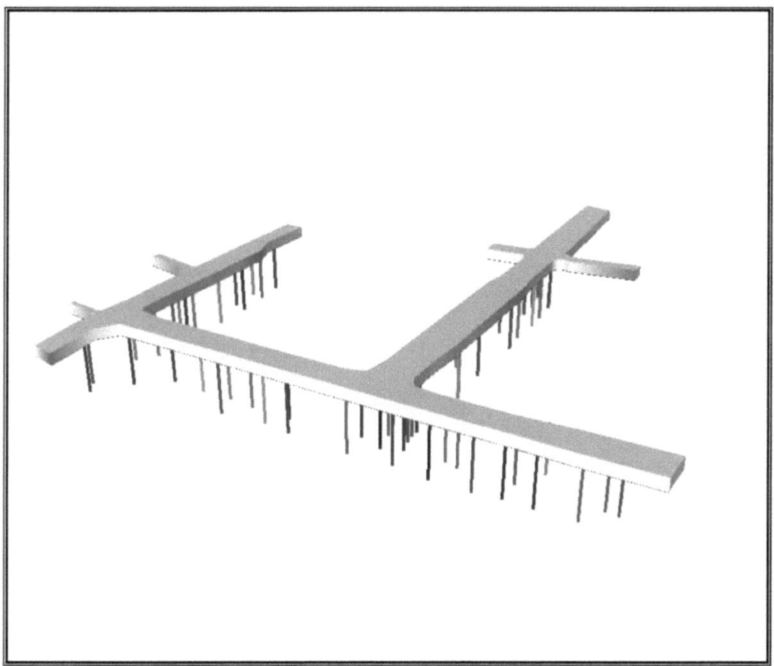

Fig 4.7 Profundidade dos pontos de saneamento a partir da superfície da estrada e vista 3-D da estrada

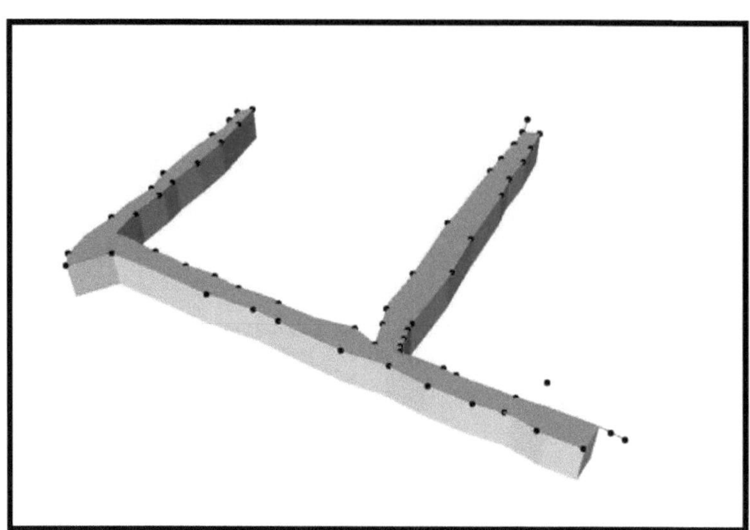

Fig 4.8 Ligação horizontal dos pontos de visita em 3-D

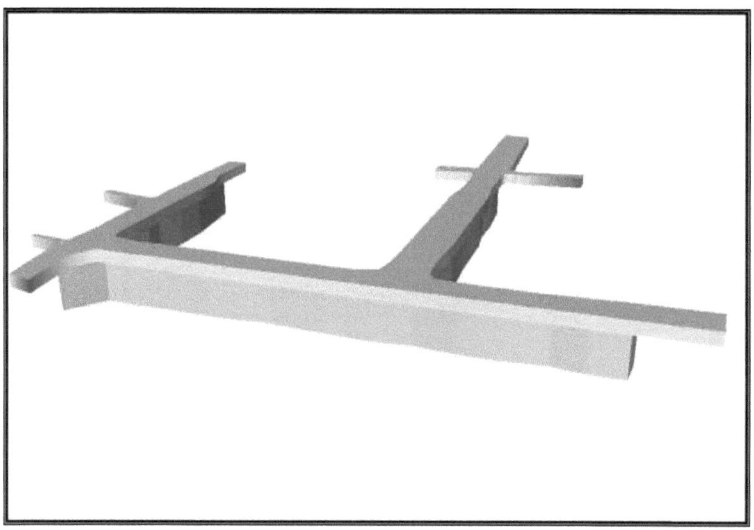

Fig 4.9 Mostra a estrada e o seu coletor de águas pluviais subterrâneo em 3-D

4.8DISCUSSÃO DOS RESULTADOS

O resultado analisado explica a localização dos elementos que compõem o direito de passagem, bem como as estruturas subterrâneas que podem ser utilizadas para a manutenção e gestão das instalações, bem como a sua localização e a sua conformidade com as especificações e normas da cidade.

Os quadros e figuras do capítulo 4 dão uma resposta exaustiva a todos os problemas e questões básicas da área de estudo.

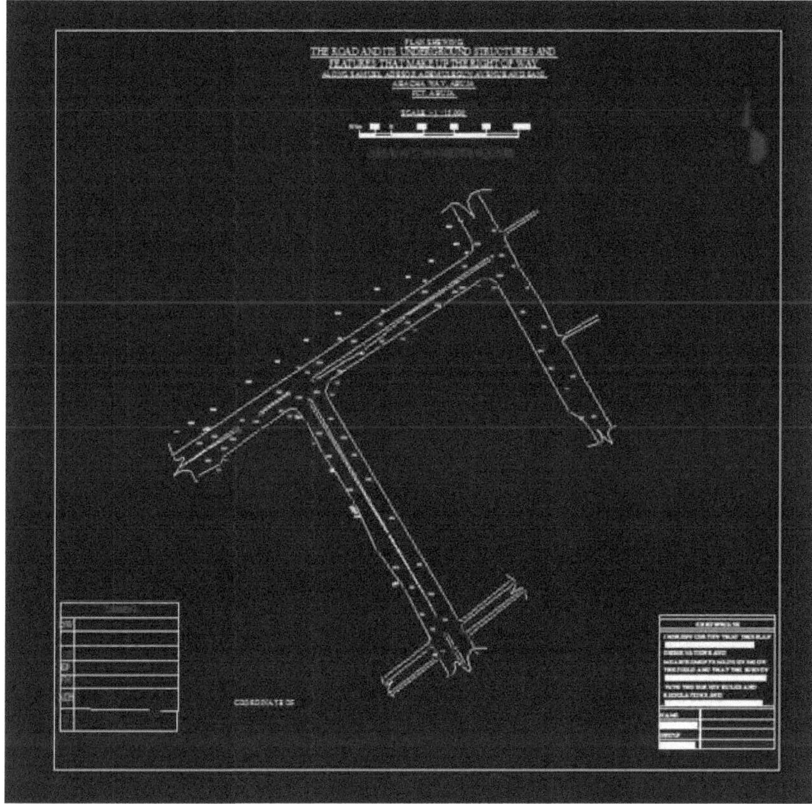

Fig 4.10 Planta de localização dos elementos que constituem o direito de passagem

CAPÍTULO 5

5.0 RESUMO, PROBLEMA ENCONTRADO, CONCLUSÃO E RECOMENDAÇÃO

5.1 RESUMO

O levantamento 3-D as-built descreve a conformidade das estruturas e caraterísticas que compõem o direito de passagem com as especificações, normas e requisitos da cidade, bem como delineia as estruturas utilizadas pelas entradas da cidade e pelos esgotos pluviais projectados. As condutas de drenagem pluvial são normalmente concebidas para o escoamento sob pressão. O tipo de condutas concebidas para a cidade são as condutas moldadas no local, em que o material utilizado para o fabrico do tubo é o betão armado. Todo o escoamento que entra na estrutura de drenagem pluvial requer uma estrutura de entrada. Estas estruturas de entrada recolhem o escoamento e dirigem o fluxo para a conduta de drenagem pluvial. As bacias de retenção normais são o tipo de entrada utilizado, protegendo a vida e a propriedade dos danos causados pelas cheias e pela erosão.

5.2 PROBLEMA ENCONTRADO

Os desafios consistiram na dificuldade de abrir as tampas de superfície das condutas de drenagem pluvial, o que causou atrasos na execução do objetivo deste projeto, tendo sido feitas várias tentativas várias vezes e dias antes de serem abertas com êxito.

Outro desafio foi a dificuldade de descarregar os dados observados do registador de dados Promak DGPS que foi utilizado para a observação.

5.3 CONCLUSÃO

Concluo, assim, que o objetivo do projeto foi alcançado, uma vez que os dados obtidos na área de estudo podem ser analisados e utilizados em conformidade com as especificações e normas da cidade.

O resultado é confirmado como adequado para análise, monitorização, gestão e manutenção das estradas e das suas estruturas subterrâneas, bem como das caraterísticas que compõem o direito de passagem, em que as decisões poderiam ser tomadas para resolver qualquer problema futuro na área de estudo.

Tendo criado a base de dados 3D as-built da Samuel Adesoji Ademulegun Avenue e da Sani Abacha way, a oeste da National Mosque, Central Business District Abuja, é muito possível consultar a base de dados para responder a qualquer questão genérica básica de SIG que possa ajudar a tomar decisões, especialmente as relacionadas com o local do projeto.

O plano produzido também pode servir como medida de controlo de utilidades e infra-estruturas se for considerado com o plano ou mapa de base concebido para toda a cidade.

5.4 RECOMENDAÇÃO

Uma vez que o meu colega não conseguiu cobrir toda a área que constitui o Central Business District de Abuja, na Nigéria, os estudantes devem ter o mesmo privilégio de realizar a parte restante, a fim de disporem de uma base de dados completa da área para efeitos de conformidade, análise e manutenção

Também recomendo que seja efectuado um estudo de deformação para determinar se a estrada está a deslocar-se com o tempo ou a mudar de forma com o tempo, criando uma imagem tridimensional (3-D) das estradas e das suas estruturas subterrâneas, bem como das caraterísticas que constituem o direito de passagem em dois ou mais pontos diferentes no tempo.

REFERÊNCIAS

Adeniyi P.O e Omojola A (1999) Land use land cover change evaluation I Sokoto- Rima Basin of North Western Nigeria based on Archival of the Environmental (AARSE) on Geoinformation Technology Application for Research and Environmental Management in Africa pp. 143-172

Dimyat et al (1995) An analysis of land use/land cover change using the combination of MSS Landsat and land use map. Um estudo de caso de Yogyakarta, Indonésia. Revista Internacional de Deteção Remota 17(5): 931-944

Davis et al (1981) Surveying Theory and Practice McGraw. Em Nova Iorque

Fabiyi, S. 2004. "Aplicação de Sistemas de Informação Geográfica (SIG) e Sistemas de Informação Territorial (LIS) no Planeamento Urbano e Regional". 2004 MCPDP. NITP e TOPREC: Ada, Estado de Osun, Nigéria.

Kufoniyi O. (1998) In Ezeigbo C.V database design and creation. Panat press Lagos. Pg. 25

Fadahunsi. J.T (2010) A Perspective View on the Development and Applications of Geographical Information System (GIS) in Nigeria. The Pacific Journal of Science and Technology -Volume 11. Número 1. maio de 2010 (primavera)

Fekete, Stephanie, Mark Diederichs e Matthew Lato. 2010. "Aplicações geotécnicas e operacionais para digitalização a laser tridimensional em túneis de perfuração e explosão." Tunnelling and Underground Space Technology 25 (5): 614-628. doi:10.1016/j.tust.2010.04.008.

Ghassemi, M., D. Zoldy, e H. Javady. 2010. "Towards Precise Under Ground Mapping System in Can-ada." Portland, OR, Society for Mining, Metallurgy, and Exploration.

Kavanagh, B.F e Bird S.J.G (1992) Surveying 3rd Edition Practice Hall, New Jersey.

Li, Xiaojun, Hehua Zhu e Lu Zhen. 2009. "Digitalização e Aplicação de Túneis Escudo". Jornal Chinês de Engenharia Geotécnica 31 (9): 1456-1461.

Meyer W.B (1995) Past and Present Land use and land cover in the U.S.A. Consequences pp. 2433

Megaw, T. M. e J. V. Bartlett. 1981. Tunnels--Planning, Design, Construction. Série Ellis Horwood em Ciências da Engenharia. Vol. 1. Nova Iorque: Chichester, West Sussex: Ellis Horwood.

Metje, N., P. R. Atkins, M. J. Brennan, D. N. Chapman, H. M. Lim, J. Machell, J. M. Muggleton, et al. 2007. "Mapping the Underworld - State-of-the-Art Review". Tunnelling and Underground Space Technology 22 (5-6): 568-586. doi:10.1016/j.tust.2007.04.002.

Olorunfemi J.F (1983) Monitoring Urban Land Use in Developed Countries. Uma abordagem fotográfica aérea. Environmental Int. 9, pp. 27-32

Shen, Xuesong, Ming Lu, Siri Fernando e Simaan AbouRizk. 2012. "Automação do posicionamento da máquina de perfuração de túneis na construção de túneis". Eindhoven, Países Baixos, InternationalAssociation for Automation and Robotics in Construction

Shih-Lung Shaw (2011) O Sistema de Informação Geográfica para os Transportes Pg. 23-35

Cidade de Edmonton. "Design and Construction Standards, Drainage, Volume 3.", acedido em 24/01/2013, http://www.edmonton.ca/business_economy/documents/Volume_3_Drainage_.pdf.

Van Gosliga, R., R. Lindenbergh, e N. Pfeifer. 2006. "Deformation Analysis of a Bored Tunnel by Means of Terrestrial Laser Scanning." Dresden, Alemanha, International Society For Photogrammetry and Remote Sensing Volume XXXVI, Parte 5, 25-27 de setembro.

Wu, X., M. Lu, S. Mao e X. Shen. 2013. "Modelação e visualização em tempo real de produtos de túneis as-Built através do seguimento de máquinas de perfuração de túneis". Montreal, Associação Internacional de Automação e Robótica na Construção, 11 a 15 de agosto.

Zhu, Zhenhua e Ioannis Brilakis. 2009. "Comparison of Optical Sensor-Based Spatial Data Collection Techniques for Civil Infrastructure Modeling" [Comparação de técnicas de recolha de dados espaciais baseadas em sensores ópticos para modelação de infra-estruturas civis]. Journal of Computing in Civil Engineering 23 (3): 170-177. doi:10.1061/(ASCE)0887-3801(2009)23:3(170).

APÊNDICES

Nome	Descrição	Leste	Norte	Altura ortopédica	Estado	Restrições	Tipo	Aviso
7534	área centra	333816.366	1001688.184	475.308	Ajustado	Horizontal e Fixo vertical (3D)	Ponto de controlo	Não
ST01	centra.area	333865.233	1001397.993	485.831	Ajustado	Sem restrições	Ponto registado	Não
ST02	centra.area	333827.144	1001458.234	484.889	Ajustado	Sem restrições	Ponto registado	Não
ST03	centra.area	333813.780	1001479.623	483.626	Ajustado	Sem restrições	Ponto registado	Não
ST04	centra.area	333796.017	1001507.886	481.713	Ajustado	Sem restrições	Ponto registado	Não
ST05	centra.area	333781.306	1001531.370	480.029	Ajustado	Sem restrições	Ponto registado	Não
ST06	centra.area	333766.502	1001555.098	478.352	Ajustado	Sem restrições	Ponto registado	Não
ST07	centra.area	333750.436	1001578.066	476.603	Ajustado	Sem restrições	Ponto registado	Não
ST08	centra.area	333735.505	1001601.761	475.059	Ajustado	Sem restrições	Ponto registado	Não
ST09	centra.area	333720.134	1001626.226	474.315	Ajustado	Sem restrições	Ponto registado	Não
ST10	centra.area	333645.021	1001597.323	473.144	Ajustado	Sem restrições	Ponto registado	Não
ST11	centra.area	333670.589	1001615.076	473.563	Ajustado	Sem restrições	Ponto registado	Não
ST12	centra.area	333696.915	1001631.658	474.110	Ajustado	Sem restrições	Ponto registado	Não
ST13	centra.area	333727.790	1001649.546	475.609	Ajustado	Sem restrições	Ponto registado	Não
ST14	centra.area	333752.014	1001664.364	475.265	Ajustado	Sem restrições	Ponto registado	Não
ST15	centra.area	333776.681	1001680.005	475.402	Ajustado	Sem restrições	Ponto registado	Não
ST16	centra.area	333799.600	1001695.955	475.461	Ajustado	Sem restrições	Ponto registado	Não
ST17	centra.area	333823.548	1001710.856	475.126	Ajustado	Sem restrições	Ponto registado	Não
ST18	centra.area	333847.954	1001726.470	473.943	Ajustado	Sem restrições	Ponto registado	Não
ST19	centra.area	333872.084	1001741.435	473.366	Ajustado	Sem restrições	Ponto registado	Não
ST20	centra.area	333894.336	1001756.049	474.675	Ajustado	Sem restrições	Ponto registado	Não
ST21	centra.area	333906.532	1001763.891	474.680	Ajustado	Sem restrições	Ponto registado	Não
ST22	centra.area	333908.781	1001800.384	473.682	Ajustado	Sem restrições	Ponto registado	Não
ST23	centra.area	333923.826	1001775.689	475.406	Ajustado	Sem restrições	Ponto registado	Não
IN01	centra.area	333908.936	1001798.479	473.895	Ajustado	Sem restrições	Ponto registado	Não
IN02	centra.area	333909.292	1001798.755	473.883	Ajustado	Sem restrições	Ponto registado	Não
IN03	centra.area	333909.558	1001798.429	473.908	Ajustado	Sem restrições	Ponto registado	Não
IN04	centra.area	333909.158	1001798.152	473.901	Ajustado	Sem restrições	Ponto registado	Não
IN05	centra.area	333909.223	1001798.431	473.958	Ajustado	Sem restrições	Ponto registado	Não
IN06	centra.area	333919.429	1001781.088	475.664	Ajustado	Sem restrições	Ponto registado	Não
IN07	centra.area	333930.723	1001761.943	476.539	Ajustado	Sem restrições	Ponto registado	Não
IN08	centra.area	333938.079	1001747.768	475.465	Ajustado	Sem restrições	Ponto registado	Não
IN09	centra.area	333950.897	1001730.253	477.068	Ajustado	Sem restrições	Ponto registado	Não
IN10	centra.area	333961.844	1001713.751	477.473	Ajustado	Sem restrições	Ponto registado	Não
IN11	centra.area	333972.336	1001696.586	477.775	Ajustado	Sem restrições	Ponto registado	Não
IN12	centra.area	333983.052	1001679.800	478.358	Ajustado	Sem restrições	Ponto registado	Não
IN13	centra.area	333993.756	1001662.889	478.786	Ajustado	Sem restrições	Ponto registado	Não
IN14	centra.area	334004.307	1001646.051	479.193	Ajustado	Sem restrições	Ponto registado	Não
IN15	centra.area	334015.244	1001628.895	479.644	Ajustado	Sem restrições	Ponto registado	Não
IN16	centra.area	334025.644	1001612.047	480.097	Ajustado	Sem restrições	Ponto registado	Não
IN17	centra.area	334016.686	1001594.429	480.331	Ajustado	Sem restrições	Ponto registado	Não
IN18	centra.area	334011.298	1001602.640	480.112	Ajustado	Sem restrições	Ponto registado	Não
IN19	centra.area	333994.408	1001615.363	479.501	Ajustado	Sem restrições	Ponto registado	Não
IN20	centra.area	333986.718	1001628.462	478.781	Ajustado	Sem restrições	Ponto registado	Não
IN21	centra.area	333978.967	1001640.868	478.432	Ajustado	Sem restrições	Ponto registado	Não
IN22	centra.area	333970.951	1001653.675	478.003	Ajustado	Sem restrições	Ponto registado	Não
IN23	centra.area	333962.786	1001666.563	477.757	Ajustado	Sem restrições	Ponto registado	Não
IN24	centra.area	333954.905	1001679.457	477.300	Ajustado	Sem restrições	Ponto registado	Não
IN25	centra.area	333947.002	1001692.003	476.951	Ajustado	Sem restrições	Ponto registado	Não
IN26	centra.area	333938.890	1001704.384	476.261	Ajustado	Sem restrições	Ponto registado	Não
IN27	centra.area	333931.275	1001717.532	474.510	Ajustado	Sem restrições	Ponto registado	Não

IN28	centra.area	333923.643	1001729.671	474.144	Ajustado	Sem restrições	Ponto registado	Não
IN29	centra.area	333915.035	1001742.397	473.795	Ajustado	Sem restrições	Ponto registado	Não
IN30	centra.area	333908.280	1001746.509	473.436	Ajustado	Sem restrições	Ponto registado	Não
IN31	centra.area	333887.754	1001737.574	473.435	Ajustado	Sem restrições	Ponto registado	Não
IN32	centra.area	333883.744	1001735.034	473.395	Ajustado	Sem restrições	Ponto registado	Não
IN33	centra.area	333879.336	1001732.258	473.346	Ajustado	Sem restrições	Ponto registado	Não
IN34	centra.area	333874.982	1001729.517	473.328	Ajustado	Sem restrições	Ponto registado	Não
IN35	centra.area	333870.882	1001726.978	473.312	Ajustado	Sem restrições	Ponto registado	Não
IN36	centra.area	333866.944	1001724.465	473.295	Ajustado	Sem restrições	Ponto registado	Não
IN37	centra.area	333860.615	1001720.504	473.329	Ajustado	Sem restrições	Ponto registado	Não
IN38	centra.area	333851.948	1001714.943	473.254	Ajustado	Sem restrições	Ponto registado	Não
IN39	centra.area	333843.428	1001709.754	473.512	Ajustado	Sem restrições	Ponto registado	Não
IN40	centra.area	333834.965	1001704.219	473.335	Ajustado	Sem restrições	Ponto registado	Não
IN41	centra.area	333826.470	1001698.916	473.366	Ajustado	Sem restrições	Ponto registado	Não
IN42	centra.area	333818.186	1001694.360	474.229	Ajustado	Sem restrições	Ponto registado	Não
IN43	centra.area	333809.732	1001689.112	474.341	Ajustado	Sem restrições	Ponto registado	Não
IN44	centra.area	333803.053	1001684.950	474.293	Ajustado	Sem restrições	Ponto registado	Não
IN45	centra.area	333798.854	1001682.339	474.341	Ajustado	Sem restrições	Ponto registado	Não
IN46	centra.area	333792.608	1001678.308	474.319	Ajustado	Sem restrições	Ponto registado	Não
IN47	centra.area	333786.444	1001674.609	474.425	Ajustado	Sem restrições	Ponto registado	Não
IN48	centra.area	333777.656	1001669.043	474.345	Ajustado	Sem restrições	Ponto registado	Não
IN49	centra.area	333769.436	1001663.898	474.292	Ajustado	Sem restrições	Ponto registado	Não
IN50	centra.area	333758.712	1001657.189	474.172	Ajustado	Sem restrições	Ponto registado	Não
IN51	centra.area	333745.599	1001648.709	473.866	Ajustado	Sem restrições	Ponto registado	Não
IN52	centra.area	333735.674	1001637.094	473.524	Ajustado	Sem restrições	Ponto registado	Não
IN53	centra.area	333744.094	1001617.789	473.082	Ajustado	Sem restrições	Ponto registado	Não
IN54	centra.area	333746.641	1001613.772	473.237	Ajustado	Sem restrições	Ponto registado	Não
IN55	centra.area	333749.278	1001609.504	473.445	Ajustado	Sem restrições	Ponto registado	Não
IN56	centra.area	333753.329	1001603.043	473.808	Ajustado	Sem restrições	Ponto registado	Não
IN57	centra.area	333765.279	1001584.136	475.210	Ajustado	Sem restrições	Ponto registado	Não
IN58	centra.area	333777.279	1001564.894	476.478	Ajustado	Sem restrições	Ponto registado	Não
IN59	centra.area	333789.275	1001545.926	477.824	Ajustado	Sem restrições	Ponto registado	Não
IN60	centra.area	333801.145	1001526.872	479.137	Ajustado	Sem restrições	Ponto registado	Não
IN61	centra.area	333813.024	1001507.926	480.487	Ajustado	Sem restrições	Ponto registado	Não
IN62	centra.area	333824.970	1001488.940	481.800	Ajustado	Sem restrições	Ponto registado	Não
IN63	centra.area	333832.733	1001476.555	482.597	Ajustado	Sem restrições	Ponto registado	Não
IN64	centra.area	333842.506	1001455.127	483.712	Ajustado	Sem restrições	Ponto registado	Não
IN65	centra.area	333848.571	1001445.471	484.030	Ajustado	Sem restrições	Ponto registado	Não
IN66	centra.area	333853.370	1001437.878	484.207	Ajustado	Sem restrições	Ponto registado	Não
IN68	centra.area	333858.092	1001430.324	484.333	Ajustado	Sem restrições	Ponto registado	Não
IN69	centra.area	333862.658	1001422.632	484.238	Ajustado	Sem restrições	Ponto registado	Não
IN70	centra.area	333868.799	1001413.050	484.271	Ajustado	Sem restrições	Ponto registado	Não
IN71	centra.area	333884.563	1001392.289	482.848	Ajustado	Sem restrições	Ponto registado	Não
IN72	centra.area	333858.931	1001375.842	483.289	Ajustado	Sem restrições	Ponto registado	Não
IN73	centra.area	333841.004	1001385.328	483.147	Ajustado	Sem restrições	Ponto registado	Não
IN74	centra.area	333847.956	1001399.007	483.772	Ajustado	Sem restrições	Ponto registado	Não
IN75	centra.area	333841.969	1001408.642	483.766	Ajustado	Sem restrições	Ponto registado	Não
IN76	centra.area	333837.187	1001416.085	483.575	Ajustado	Sem restrições	Ponto registado	Não
IN77	centra.area	333832.448	1001423.640	483.411	Ajustado	Sem restrições	Ponto registado	Não
IN78	centra.area	333827.696	1001431.241	483.246	Ajustado	Sem restrições	Ponto registado	Não
IN79	centra.area	333821.503	1001440.694	483.098	Ajustado	Sem restrições	Ponto registado	Não
IN80	centra.area	333806.627	1001459.195	481.767	Ajustado	Sem restrições	Ponto registado	Não
IN81	centra.area	333799.084	1001471.359	480.978	Ajustado	Sem restrições	Ponto registado	Não
IN82	centra.area	333787.166	1001490.449	479.610	Ajustado	Sem restrições	Ponto registado	Não
IN83	centra.area	333774.965	1001509.745	478.190	Ajustado	Sem restrições	Ponto registado	Não
IN84	centra.area	333763.236	1001528.629	476.879	Ajustado	Sem restrições	Ponto registado	Não
IN85	centra.area	333751.238	1001547.591	475.485	Ajustado	Sem restrições	Ponto registado	Não

IN86	centra.area	333739.150	1001566.251	473.834	Ajustado	Sem restrições	Ponto registado	Não
IN87	centra.area	333728.748	1001585.909	475.666	Ajustado	Sem restrições	Ponto registado	Não
IN88	centra.area	333719.516	1001600.633	474.734	Ajustado	Sem restrições	Ponto registado	Não
IN89	centra.area	333714.100	1001609.071	474.489	Ajustado	Sem restrições	Ponto registado	Não
IN90	centra.area	333711.670	1001612.595	474.523	Ajustado	Sem restrições	Ponto registado	Não
IN91	centra.area	333707.993	1001616.073	474.487	Ajustado	Sem restrições	Ponto registado	Não
IN92	centra.area	333725.744	1001617.590	472.138	Ajustado	Sem restrições	Ponto registado	Não
IN93	centra.area	333723.258	1001622.224	473.248	Ajustado	Sem restrições	Ponto registado	Não
IN94	centra.area	333701.552	1001619.081	474.087	Ajustado	Sem restrições	Ponto registado	Não
IN95	centra.area	333686.623	1001611.758	473.321	Ajustado	Sem restrições	Ponto registado	Não
IN96	centra.area	333674.109	1001603.905	473.126	Ajustado	Sem restrições	Ponto registado	Não
IN97	centra.area	333663.621	1001597.677	473.421	Ajustado	Sem restrições	Ponto registado	Não
IN98	centra.area	333655.521	1001592.357	473.008	Ajustado	Sem restrições	Ponto registado	Não
I100	centra.area	333649.222	1001588.510	472.988	Ajustado	Sem restrições	Ponto registado	Não
IN99	centra.area	333644.637	1001585.733	473.013	Ajustado	Sem restrições	Ponto registado	Não
IN9A	centra.area	333640.789	1001583.263	472.966	Ajustado	Sem restrições	Ponto registado	Não
IN9B	centra.area	333636.587	1001580.569	472.969	Ajustado	Sem restrições	Ponto registado	Não
IN9C	centra.area	333632.047	1001577.662	472.996	Ajustado	Sem restrições	Ponto registado	Não
IN9D	centra.area	333628.204	1001574.986	472.990	Ajustado	Sem restrições	Ponto registado	Não
IN9E	centra.area	333623.912	1001571.059	473.012	Ajustado	Sem restrições	Ponto registado	Não
IN9F	centra.area	333622.429	1001568.738	473.002	Ajustado	Sem restrições	Ponto registado	Não
IN9G	centra.area	333621.704	1001566.272	472.931	Ajustado	Sem restrições	Ponto registado	Não
IN9H	centra.area	333621.835	1001566.251	472.603	Ajustado	Sem restrições	Ponto registado	Não
IN9I	centra.area	333602.340	1001555.351	472.840	Ajustado	Sem restrições	Ponto registado	Não
IN9J	centra.area	333586.004	1001576.578	473.023	Ajustado	Sem restrições	Ponto registado	Não
IN9K	centra.area	333596.414	1001582.916	473.426	Ajustado	Sem restrições	Ponto registado	Não
IN9L	centra.area	333604.770	1001588.111	473.403	Ajustado	Sem restrições	Ponto registado	Não
IN9M	centra.area	333610.568	1001591.776	473.375	Ajustado	Sem restrições	Ponto registado	Não
IN9N	centra.area	333615.494	1001594.886	473.363	Ajustado	Sem restrições	Ponto registado	Não
IN9O	centra.area	333619.143	1001596.857	472.841	Ajustado	Sem restrições	Ponto registado	Não
IN9P	centra.area	333623.281	1001599.381	472.869	Ajustado	Sem restrições	Ponto registado	Não
IN9Q	centra.area	333627.557	1001602.081	472.864	Ajustado	Sem restrições	Ponto registado	Não
IN9R	centra.area	333631.926	1001605.191	472.701	Ajustado	Sem restrições	Ponto registado	Não
IN9S	centra.area	333635.872	1001607.740	472.730	Ajustado	Sem restrições	Ponto registado	Não
IN9T	centra.area	333642.507	1001611.859	472.794	Ajustado	Sem restrições	Ponto registado	Não
IN9U	centra.area	333650.790	1001617.088	472.840	Ajustado	Sem restrições	Ponto registado	Não
IN9V	centra.area	333661.365	1001623.771	473.051	Ajustado	Sem restrições	Ponto registado	Não
IN9W	centra.area	333674.228	1001631.706	473.268	Ajustado	Sem restrições	Ponto registado	Não
IN9X	centra.area	333688.795	1001640.961	473.679	Ajustado	Sem restrições	Ponto registado	Não
IN9Y	centra.area	333706.083	1001651.750	474.140	Ajustado	Sem restrições	Ponto registado	Não
IN9Z	centra.area	333720.479	1001660.745	474.471	Ajustado	Sem restrições	Ponto registado	Não
INAO	centra.area	333733.289	1001668.818	474.691	Ajustado	Sem restrições	Ponto registado	Não
INAI	centra.area	333745.841	1001676.785	474.929	Ajustado	Sem restrições	Ponto registado	Não
INA3	centra.area	333756.653	1001683.569	474.980	Ajustado	Sem restrições	Ponto registado	Não
INA4	centra.area	333765.120	1001688.741	475.029	Ajustado	Sem restrições	Ponto registado	Não
INA5	centra.area	333773.685	1001694.196	475.080	Ajustado	Sem restrições	Ponto registado	Não
INA6	centra.area	333780.017	1001698.118	475.100	Ajustado	Sem restrições	Ponto registado	Não
INA7	centra.area	333786.269	1001702.086	475.107	Ajustado	Sem restrições	Ponto registado	Não
INA8	centra.area	333790.668	1001704.850	475.086	Ajustado	Sem restrições	Ponto registado	Não
INA9	centra.area	333797.288	1001708.998	475.053	Ajustado	Sem restrições	Ponto registado	Não
INAIO	centra.area	333805.634	1001714.206	475.038	Ajustado	Sem restrições	Ponto registado	Não
INA11	centra.area	333813.981	1001719.468	474.960	Ajustado	Sem restrições	Ponto registado	Não
INA12	centra.area	333822.477	1001724.811	474.884	Ajustado	Sem restrições	Ponto registado	Não
INA13	centra.area	333830.990	1001730.162	474.850	Ajustado	Sem restrições	Ponto registado	Não
INA14	centra.area	333839.269	1001735.351	474.787	Ajustado	Sem restrições	Ponto registado	Não
INA15	centra.area	333847.793	1001740.700	474.728	Ajustado	Sem restrições	Ponto registado	Não
INA16	centra.area	333856.200	1001745.987	474.674	Ajustado	Sem restrições	Ponto registado	Não

INA17	centra.area	333864.758	1001751.349	474.630	Ajustado	Sem restrições	Ponto registado	Não
INA18	centra.area	333873.203	1001756.638	474.571	Ajustado	Sem restrições	Ponto registado	Não
INA19	centra.area	333879.585	1001760.639	474.536	Ajustado	Sem restrições	Ponto registado	Não
INA20	centra.area	333885.852	1001764.658	474.497	Ajustado	Sem restrições	Ponto registado	Não
INA21	centra.area	333890.994	1001768.388	474.462	Ajustado	Sem restrições	Ponto registado	Não
INA22	centra.area	333892.057	1001787.744	474.155	Ajustado	Sem restrições	Ponto registado	Não
FN01	centra.area	333622.862	1001559.882	471.526	Ajustado	Sem restrições	Ponto registado	Não
FN02	centra.area	333630.445	1001569.232	471.801	Ajustado	Sem restrições	Ponto registado	Não
FN03	centra.area	333698.788	1001611.612	471.295	Ajustado	Sem restrições	Ponto registado	Não
FN04	centra.area	333707.055	1001610.125	474.264	Ajustado	Sem restrições	Ponto registado	Não
FN05	centra.area	333741.784	1001631.723	474.424	Ajustado	Sem restrições	Ponto registado	Não
FN06	centra.area	333746.953	1001643.557	474.072	Ajustado	Sem restrições	Ponto registado	Não
FN07	centra.area	333816.457	1001686.958	474.827	Ajustado	Sem restrições	Ponto registado	Não
FN08	centra.area	333828.560	1001695.052	474.682	Ajustado	Sem restrições	Ponto registado	Não
FN09	centra.area	333896.419	1001737.746	475.135	Ajustado	Sem restrições	Ponto registado	Não
FNOA	centra.area	333911.504	1001736.044	475.476	Ajustado	Sem restrições	Ponto registado	Não
EPO1	centra.area	333883.572	1001769.428	476.003	Ajustado	Sem restrições	Ponto registado	Não
EPO2	centra.area	333839.084	1001742.368	475.545	Ajustado	Sem restrições	Ponto registado	Não
EPO3	centra.area	333795.026	1001713.905	476.586	Ajustado	Sem restrições	Ponto registado	Não
EP04	centra.area	333750.425	1001686.268	476.219	Ajustado	Sem restrições	Ponto registado	Não
EPO5	centra.area	333706.797	1001658.697	474.767	Ajustado	Sem restrições	Ponto registado	Não
EP06	centra.area	333611.877	1001600.170	473.911	Ajustado	Sem restrições	Ponto registado	Não
EPO7	centra.area	333609.009	1001598.345	476.057	Ajustado	Sem restrições	Ponto registado	Não
EP08	centra.area	333705.425	1001611.035	469.735	Ajustado	Sem restrições	Ponto registado	Não
EP09	centra.area	333723.763	1001584.866	473.908	Ajustado	Sem restrições	Ponto registado	Não
EPOA	centra.area	333742.663	1001559.001	476.812	Ajustado	Sem restrições	Ponto registado	Não
EPOB	centra.area	333742.391	1001558.137	477.179	Ajustado	Sem restrições	Ponto registado	Não
EPOC	centra.area	333763.129	1001523.596	479.675	Ajustado	Sem restrições	Ponto registado	Não
EPOD	centra.area	333764.067	1001521.988	479.778	Ajustado	Sem restrições	Ponto registado	Não
EPOE	centra.area	333765.628	1001519.435	480.117	Ajustado	Sem restrições	Ponto registado	Não
EPOF	centra.area	333767.675	1001517.784	479.471	Ajustado	Sem restrições	Ponto registado	Não
EPOG	centra.area	333768.718	1001513.897	477.953	Ajustado	Sem restrições	Ponto registado	Não
EPOH	centra.area	333809.350	1001448.960	484.677	Ajustado	Sem restrições	Ponto registado	Não
EPOI	centra.area	333808.173	1001448.538	484.727	Ajustado	Sem restrições	Ponto registado	Não
EPOJ	centra.area	333850.478	1001380.822	486.374	Ajustado	Sem restrições	Ponto registado	Não
EPOK	centra.area	333851.275	1001380.315	485.343	Ajustado	Sem restrições	Ponto registado	Não
EPOL	centra.area	333877.481	1001801.254	468.387	Ajustado	Sem restrições	Ponto registado	Não
DW01	centra.area	333864.450	1001795.772	469.563	Ajustado	Sem restrições	Ponto registado	Não
DW02	centra.area	333872.466	1001778.115	470.139	Ajustado	Sem restrições	Ponto registado	Não
DW03	centra.area	333845.582	1001761.227	469.450	Ajustado	Sem restrições	Ponto registado	Não
DW04	centra.area	333820.886	1001746.109	468.885	Ajustado	Sem restrições	Ponto registado	Não
DW05	centra.area	333788.763	1001734.979	466.042	Ajustado	Sem restrições	Ponto registado	Não
DW06	centra.area	333747.681	1001711.569	464.639	Ajustado	Sem restrições	Ponto registado	Não
DW07	centra.area	333714.861	1001685.393	464.630	Ajustado	Sem restrições	Ponto registado	Não
DW08	centra.area	333684.776	1001664.085	465.422	Ajustado	Sem restrições	Ponto registado	Não
DW09	centra.area	333654.650	1001644.825	466.138	Ajustado	Sem restrições	Ponto registado	Não
DWOA	centra.area	333616.495	1001618.386	467.150	Ajustado	Sem restrições	Ponto registado	Não
DWOB	centra.area	333593.586	1001605.373	467.378	Ajustado	Sem restrições	Ponto registado	Não
DWOC	centra.area	333578.196	1001596.444	465.857	Ajustado	Sem restrições	Ponto registado	Não
DWOD	centra.area	333560.867	1001587.394	467.260	Ajustado	Sem restrições	Ponto registado	Não
MH1	centra.area	333816.69	1001889.86	475.347	Ajustado	Sem restrições	Ponto registado	Não
MH2	centra.area	333811.15	1001879	475.599	Ajustado	Sem restrições	Ponto registado	Não
MH3	centra.area	333762.86	1001827.71	474.274	Ajustado	Sem restrições	Ponto registado	Não
MH4	centra.area	333722.19	1001823.75	473.385	Ajustado	Sem restrições	Ponto registado	Não
MH5	centra.area	333753.64	1001842.19	473.165	Ajustado	Sem restrições	Ponto registado	Não
MH6	centra.area	333771.38	1001852.48	473.136	Ajustado	Sem restrições	Ponto registado	Não
MH7	centra.area	333758.66	1001845.41	473.674	Ajustado	Sem restrições	Ponto registado	Não

MH8	centra.area	333798.13	1001851.08	475.813	Ajustado	Sem restrições	Ponto registado	Não
MH9	centra.area	333815.38	1001860.5	475.214	Ajustado	Sem restrições	Ponto registado	Não
MH1O	centra.area	333807.36	1001875.06	474.031	Ajustado	Sem restrições	Ponto registado	Não
MH11	centra.area	333819.63	1001862.72	476.013	Ajustado	Sem restrições	Ponto registado	Não
MH12	centra.area	333639.04	1001754.85	473.851	Ajustado	Sem restrições	Ponto registado	Não
MH13	centra.area	333618.21	1001738.49	474.048	Ajustado	Sem restrições	Ponto registado	Não
MH14	centra.area	333610.57	1001735.06	473.418	Ajustado	Sem restrições	Ponto registado	Não
MH15	centra.area	333605.65	1001731.1	474.348	Ajustado	Sem restrições	Ponto registado	Não
MH16	centra.area	333650.33	1001742.87	474.348	Ajustado	Sem restrições	Ponto registado	Não
MH17	centra.area	333658.67	1001730.03	475.106	Ajustado	Sem restrições	Ponto registado	Não
MH18	centra.area	333670.59	1001710.26	476.284	Ajustado	Sem restrições	Ponto registado	Não
MH19	centra.area	333634.44	1001728.26	474.812	Ajustado	Sem restrições	Ponto registado	Não
MH2O	centra.area	333648.33	1001708.35	476.152	Ajustado	Sem restrições	Ponto registado	Não
MH21	centra.area	333585.69	1001721.32	473.634	Ajustado	Sem restrições	Ponto registado	Não
MH22	centra.area	333557.48	1001701.57	473.139	Ajustado	Sem restrições	Ponto registado	Não
MH23	centra.area	333523.06	1001680.74	473.015	Ajustado	Sem restrições	Ponto registado	Não
MH24	centra.area	333556.84	1001715.71	473.084	Ajustado	Sem restrições	Ponto registado	Não
MH25	centra.area	333583.36	1001735.7	473.141	Ajustado	Sem restrições	Ponto registado	Não
MH26	centra.area	333607.43	1001752.18	473.369	Ajustado	Sem restrições	Ponto registado	Não
MH27	centra.area	333681.15	1001798.92	473.417	Ajustado	Sem restrições	Ponto registado	Não
MH28	centra.area	333719.56	1001821.65	472.714	Ajustado	Sem restrições	Ponto registado	Não
MH29	centra.area	333848.23	1001873.17	477.137	Ajustado	Sem restrições	Ponto registado	Não
MH30	centra.area	333869.27	1001841.19	479.323	Ajustado	Sem restrições	Ponto registado	Não
MH31	centra.area	333888.4	1001807.8	481.636	Ajustado	Sem restrições	Ponto registado	Não
MH32	centra.area	333907.88	1001778.48	482.173	Ajustado	Sem restrições	Ponto registado	Não
MH33	centra.area	333738.93	1001603.86	481.267	Ajustado	Sem restrições	Ponto registado	Não
MH34	centra.area	333755.31	1001568.87	482.953	Ajustado	Sem restrições	Ponto registado	Não
MH35	centra.area	333726.35	1001619.2	481.281	Ajustado	Sem restrições	Ponto registado	Não
MH36	centra.area	333710.24	1001608.24	480.042	Ajustado	Sem restrições	Ponto registado	Não
MH37	centra.area	333666.44	1001672.18	477.851	Ajustado	Sem restrições	Ponto registado	Não
MH38	centra.area	333634.27	1001728.65	474.043	Ajustado	Sem restrições	Ponto registado	Não
MH39	centra.area	333701.87	1001660.22	479.457	Ajustado	Sem restrições	Ponto registado	Não
MH40	centra.area	333735.63	1001608.36	481.263	Ajustado	Sem restrições	Ponto registado	Não
Cl	centra.area	333827.34	1001879.18	475.232	Ajustado	Sem restrições	Ponto de controlo	Não
C2	centra.area	333820.61	1001869.37	475.11	Ajustado	Sem restrições	Ponto registado	Não
C3	centra.area	333815.96	1001868.28	475.002	Ajustado	Sem restrições	Ponto registado	Não
C4	centra.area	333799.45	1001857.59	474.224	Ajustado	Sem restrições	Ponto registado	Não
C5	centra.area	333786.05	1001848.56	474.224	Ajustado	Sem restrições	Ponto registado	Não
C6	centra.area	333766.32	1001836.66	474.404	Ajustado	Sem restrições	Ponto registado	Não
C7	centra.area	333755.79	1001829.69	473.333	Ajustado	Sem restrições	Ponto registado	Não
C8	centra.area	333733.76	1001816.15	473.554	Ajustado	Sem restrições	Ponto registado	Não
C9	centra.area	333712.56	1001803.7	473.434	Ajustado	Sem restrições	Ponto registado	Não
C10	centra.area	333688.55	1001789.76	473.555	Ajustado	Sem restrições	Ponto registado	Não
Cll	centra.area	333646.71	1001761.27	473.434	Ajustado	Sem restrições	Ponto registado	Não
C12	centra.area	333647.37	1001763.41	473.008	Ajustado	Sem restrições	Ponto registado	Não
C13	centra.area	333689.57	1001792.19	473.009	Ajustado	Sem restrições	Ponto registado	Não
C14	centra.area	333702.99	1001802.98	473.921	Ajustado	Sem restrições	Ponto registado	Não
C15	centra.area	333717.77	1001811.93	473.444	Ajustado	Sem restrições	Ponto registado	Não
C16	centra.area	333739.18	1001825.64	473.332	Ajustado	Sem restrições	Ponto registado	Não
C17	centra.area	333741.1	1001825.32	473.811	Ajustado	Sem restrições	Ponto registado	Não
C18	centra.area	333766.87	1001842.08	474.222	Ajustado	Sem restrições	Ponto registado	Não
C19	centra.area	333789.15	1001855.79	474.332	Ajustado	Sem restrições	Ponto registado	Não
C20	centra.area	333814.26	1001871.51	475.221	Ajustado	Sem restrições	Ponto registado	Não
C21	centra.area	333824.81	1001877.37	475.323	Ajustado	Sem restrições	Ponto registado	Não
C22	centra.area	333826.92	1001876.65	475.005	Ajustado	Sem restrições	Ponto registado	Não
C23	centra.area	333615.44	1001741.93	473.009	Ajustado	Sem restrições	Ponto registado	Não

C24	centra.area	333576.77	1001716.56	473.008	Ajustado	Sem restrições	Ponto registado	Não
C25	centra.area	333534.13	1001692.7	473.234	Ajustado	Sem restrições	Ponto registado	Não
C26	centra.area	333511.36	1001677.89	472.015	Ajustado	Sem restrições	Ponto registado	Não
C27	centra.area	333503.67	1001672.39	472.007	Ajustado	Sem restrições	Ponto registado	Não
C28	centra.area	333499.99	1001675.83	472.003	Ajustado	Sem restrições	Ponto registado	Não
C29	centra.area	333511.46	1001682.53	472.878	Ajustado	Sem restrições	Ponto registado	Não
C30	centra.area	333575.65	1001720.44	473.992	Ajustado	Sem restrições	Ponto registado	Não
C31	centra.area	333581.78	1001725.87	473.222	Ajustado	Sem restrições	Ponto registado	Não
C32	centra.area	333593.71	1001734.45	473.545	Ajustado	Sem restrições	Ponto registado	Não
C33	centra.area	333615.02	1001746.75	473.944	Ajustado	Sem restrições	Ponto registado	Não
C34	centra.area	333494.52	1001683.64	472.767	Ajustado	Sem restrições	Ponto registado	Não
C35	centra.area	333557.69	1001722.78	473.909	Ajustado	Sem restrições	Ponto registado	Não
C36	centra.area	333594.95	1001746.01	473.099	Ajustado	Sem restrições	Ponto registado	Não
C37	centra.area	333620.82	1001762.59	473.044	Ajustado	Sem restrições	Ponto registado	Não
C38	centra.area	333644.21	1001778.41	473.056	Ajustado	Sem restrições	Ponto registado	Não
C39	centra.area	333658.95	1001787.99	473.809	Ajustado	Sem restrições	Ponto registado	Não
C40	centra.area	333736.21	1001836.01	473.76	Ajustado	Sem restrições	Ponto registado	Não
C41	centra.area	333810.35	1001882.08	474.922	Ajustado	Sem restrições	Ponto registado	Não
C42	centra.area	333814.29	1001901.05	474.212	Ajustado	Sem restrições	Ponto registado	Não
C43	centra.area	333798.81	1001929.38	473.001	Ajustado	Sem restrições	Ponto registado	Não
C44	centra.area	333792.45	1001940.8	473.005	Ajustado	Sem restrições	Ponto registado	Não
C45	centra.area	333803.05	1001947.06	473.098	Ajustado	Sem restrições	Ponto registado	Não
C46	centra.area	333814.71	1001935.41	474.222	Ajustado	Sem restrições	Ponto registado	Não
C47	centra.area	333830.45	1001909.67	475.767	Ajustado	Sem restrições	Ponto registado	Não
C48	centra.area	333837.23	1001903.88	475.723	Ajustado	Sem restrições	Ponto registado	Não
C49	centra.area	333845.82	1001908.82	476.454	Ajustado	Sem restrições	Ponto registado	Não
C50	centra.area	333848.25	1001905.96	476.007	Ajustado	Sem restrições	Ponto registado	Não
C51	centra.area	333837.87	1001894.99	475.844	Ajustado	Sem restrições	Ponto registado	Não
C52	centra.area	333892.4	1001892.4	476.543	Ajustado	Sem restrições	Ponto registado	Não
C53	centra.area	333855.71	1001875.1	477.711	Ajustado	Sem restrições	Ponto registado	Não
C54	centra.area	333866.47	1001867.15	478.333	Ajustado	Sem restrições	Ponto registado	Não
C55	centra.area	333874.39	1001869.79	479.399	Ajustado	Sem restrições	Ponto registado	Não
C56	centra.area	333878.27	1001864.59	479.878	Ajustado	Sem restrições	Ponto registado	Não
C57	centra.area	333868.63	1001856.62	479.555	Ajustado	Sem restrições	Ponto registado	Não
C58	centra.area	333875.02	1001846.17	479.533	Ajustado	Sem restrições	Ponto registado	Não
C59	centra.area	333899.14	1001803.58	482.811	Ajustado	Sem restrições	Ponto registado	Não
C60	centra.area	333920.98	1001766.78	483.723	Ajustado	Sem restrições	Ponto registado	Não
C61	centra.area	333906.47	1001748.11	482.123	Ajustado	Sem restrições	Ponto registado	Não
C62	centra.area	333864.31	1001803.31	479.512	Ajustado	Sem restrições	Ponto registado	Não
C63	centra.area	333830.1	1001861.8	476.988	Ajustado	Sem restrições	Ponto registado	Não
C64	centra.area	333813.05	1001853.8	475.802	Ajustado	Sem restrições	Ponto registado	Não
C65	centra.area	333745.91	1001812.7	474.565	Ajustado	Sem restrições	Ponto registado	Não
C66	centra.area	333719.99	1001795.87	473.009	Ajustado	Sem restrições	Ponto registado	Não
C67	centra.area	333659.97	1001758.28	474.906	Ajustado	Sem restrições	Ponto registado	Não
C68	centra.area	333652.97	1001736.58	475.866	Ajustado	Sem restrições	Ponto registado	Não
C69	centra.area	333695.14	1001674.35	478.099	Ajustado	Sem restrições	Ponto registado	Não
C70	centra.area	333728.98	1001622.07	481.922	Ajustado	Sem restrições	Ponto registado	Não
C71	centra.area	333752.84	1001583.24	481.634	Ajustado	Sem restrições	Ponto registado	Não
C72	centra.area	333770.12	1001582.44	481.457	Ajustado	Sem restrições	Ponto registado	Não
C73	centra.area	333781.44	1001590.23	481.543	Ajustado	Sem restrições	Ponto registado	Não
C74	centra.area	333790.62	1001588.72	482.955	Ajustado	Sem restrições	Ponto registado	Não
C75	centra.area	333763.61	1001571.35	482.955	Ajustado	Sem restrições	Ponto registado	Não
C76	centra.area	333759.3	1001568.18	482.789	Ajustado	Sem restrições	Ponto registado	Não
C77	centra.area	333785.23	1001526.11	481.066	Ajustado	Sem restrições	Ponto registado	Não
C78	centra.area	333771.62	1001525.59	481.077	Ajustado	Sem restrições	Ponto registado	Não
C79	centra.area	333764	1001535.7	481.856	Ajustado	Sem restrições	Ponto registado	Não
C80	centra.area	333756.43	1001542.25	481.004	Ajustado	Sem restrições	Ponto registado	Não

C81	centra.area	333747.87	1001558.12	482.966	Ajustado	Sem restrições	Ponto registado	Não
C82	centra.area	333750.8	1001559.64	482.905	Ajustado	Sem restrições	Ponto registado	Não
C83	centra.area	333762.23	1001541.07	481.998	Ajustado	Sem restrições	Ponto registado	Não
C84	centra.area	333761.08	1001514.52	480.666	Ajustado	Sem restrições	Ponto registado	Não
C85	centra.area	333735.54	1001555.11	481.224	Ajustado	Sem restrições	Ponto registado	Não
C86	centra.area	333737.69	1001573.06	481.033	Ajustado	Sem restrições	Ponto registado	Não
C87	centra.area	333668.71	1001683.93	477.322	Ajustado	Sem restrições	Ponto registado	Não
C88	centra.area	333660.04	1001696.81	476.284	Ajustado	Sem restrições	Ponto registado	Não
C89	centra.area	333635.21	1001736.23	474.633	Ajustado	Sem restrições	Ponto registado	Não
C90	centra.area	333671.12	1001685.6	477.722	Ajustado	Sem restrições	Ponto registado	Não
C91	centra.area	333733.66	1001589.02	481.044	Ajustado	Sem restrições	Ponto registado	Não
C92	centra.area	333743.81	1001571.54	481.746	Ajustado	Sem restrições	Ponto registado	Não
C93	centra.area	333724.35	1001568.8	481.705	Ajustado	Sem restrições	Ponto registado	Não
C94	centra.area	333694.22	1001568.8	481.453	Ajustado	Sem restrições	Ponto registado	Não
C95	centra.area	333667.04	1001672.74	477.235	Ajustado	Sem restrições	Ponto registado	Não
C96	centra.area	333628.97	1001726.78	474.185	Ajustado	Sem restrições	Ponto registado	Não
C97	centra.area	333601.74	1001722.71	474.147	Ajustado	Sem restrições	Ponto registado	Não
C98	centra.area	333536.67	1001680.95	473.246	Ajustado	Sem restrições	Ponto registado	Não
C99	centra.area	333711.81	1001546.78	480.367	Ajustado	Sem restrições	Ponto registado	Não

Printed by Books on Demand GmbH, Norderstedt / Germany